上海市工程建设规范

地下车库联络道设计标准

Design standard for underground parking link

DG/TJ 08—2441—2024

J 17503—2024

主编单位：上海市政工程设计研究总院(集团)有限公司
批准部门：上海市住房和城乡建设管理委员会
施行日期：2024 年 5 月 1 日

同济大学出版社

2024　上海

图书在版编目(CIP)数据

地下车库联络道设计标准 / 上海市政工程设计研究总院(集团)有限公司主编. — 上海：同济大学出版社，2024.7

ISBN 978-7-5765-1071-3

Ⅰ. ①地… Ⅱ. ①上… Ⅲ. ①地下车库–建筑设计–设计标准 Ⅳ. ①TU926-65

中国国家版本馆 CIP 数据核字(2024)第 086098 号

地下车库联络道设计标准

上海市政工程设计研究总院(集团)有限公司　主编

责任编辑　朱　勇
责任校对　徐春莲
封面设计　陈益平

出版发行　同济大学出版社　　www.tongjipress.com.cn
　　　　　(地址：上海市四平路 1239 号　邮编：200092　电话:021－65985622)
经　　销　全国各地新华书店
印　　刷　常熟市华顺印刷有限公司
开　　本　889mm×1194mm　1/32
印　　张　3.125
字　　数　78 000
版　　次　2024 年 7 月第 1 版
印　　次　2024 年 7 月第 1 次印刷
书　　号　ISBN 978-7-5765-1071-3
定　　价　40.00 元

上海市住房和城乡建设管理委员会文件

沪建标定〔2024〕25 号

上海市住房和城乡建设管理委员会关于
批准《地下车库联络道设计标准》
为上海市工程建设规范的通知

各有关单位：

由上海市政工程设计研究总院（集团）有限公司主编的《地下车库联络道设计标准》，经我委审核，现批准为上海市工程建设规范，统一编号为 DG/TJ 08—2441—2024，自 2024 年 5 月 1 日起实施。

本标准由上海市住房和城乡建设管理委员会负责管理，上海市政工程设计研究总院（集团）有限公司负责解释。

上海市住房和城乡建设管理委员会
2024 年 1 月 16 日

前　言

根据上海市住房和城乡建设管理委员会《关于印发〈2021 年上海市工程建设规范、建筑标准设计编制计划〉的通知》（沪建标定〔2020〕771 号）的要求，由上海市政工程设计研究总院（集团）有限公司组织有关单位共同组成编制组，编制地下车库联络道工程设计标准。

编制组经广泛调查研究，认真总结实践与经验，参考国家、行业及地方有关标准和规范，结合上海地区实际情况、有关科研成果与文献资料，并在广泛征求意见的基础上，制定了本标准。

本标准的主要内容有：总则；术语；总体设计；道路设计；建筑设计；结构设计；机电设计；防灾设计；交通设施设计；兼顾人民防空。

各有关单位及相关人员在执行本标准过程中，如有意见或建议，请反馈至上海市交通委员会（地址：上海市世博村路 300 号 1 号楼；邮编：200125；E-mail：shjtbiaozhun@126.com），上海市政工程设计研究总院（集团）有限公司（地址：上海市中山北二路 901 号；邮编：200092；E-mail：wangxi@smedi.com），上海市建筑建材业市场管理总站（地址：上海市小木桥路 683 号；邮编：200032；E-mail：shgcbz@163.com），以供今后修订时参考。

主 编 单 位：上海市政工程设计研究总院（集团）有限公司

参 编 单 位：上海市地下空间设计研究总院有限公司

上海市消防救援总队

华东建筑设计研究院有限公司

同济大学

— 1 —

主要起草人：王　曦　宋　飞　游克思　华高英　沈佳奇
　　　　　　王　磊　刘　艺　温竹茵　张效晗　罗建晖
　　　　　　赵华亮　谢　明　卢薇苓　梁荣欣　华中良
　　　　　　王佳斌　曾蕴蕾　闫治国　倪　丹　冯励凡
　　　　　　王辰辰　何奇玮　阎　迅　周　锋　曹　峰
　　　　　　孙培翔　姜文婷　郑　岐
主要审查人：叶　蓉　白　云　王　伟　俞　帆　周玉石
　　　　　　朱　鸣　柴昕一

上海市建筑建材业市场管理总站

目　次

Contents

1 总 则

1.0.1 为使地下车库联络道工程设计耐久可控、安全可靠、功能合理、经济适用、节能环保、技术先进,制定本标准。

1.0.2 本标准适用于新建的地下车库联络道工程设计,不适用于车库内地下车行系统。

1.0.3 地下车库联络道工程设计应符合现行行业标准《城市地下道路设计规范》CJJ 221 的规定,并应符合下列规定:

1 与区域交通规划、区域地下空间规划相结合。

2 与城市路网、周边地下车库合理衔接,停车资源共享。

3 处理好与市政管线及管廊、轨道交通设施、地下人行设施等其他地下基础设施的关系,合理安排集约化利用地下空间。

4 与互联互通的地下设施协同防灾。

5 协调好与周边建设开发的时序关系。

1.0.4 地下车库联络道工程设计除应符合本标准外,尚应符合国家、行业和本市现行有关标准的规定。

2 术 语

2.0.1 地下车库联络道 underground parking link

用于连接各地块地下车库并直接与城市道路相衔接的地下车行道路。

2.0.2 地下匝道 underground ramp

用于连接两段地下道路的一段专用道路,包括地下互通式立体交叉连接道路、地下车库联络道与其他地下道路连接道路等。

2.0.3 地下车库连接口 connection part of underground garage

地下车库联络道主线连接地下车库的口部或一段车行连接通道。

2.0.4 通风井 ventilation shaft

连接地面与地下车库联络道,用于空气流通的构筑物。

2.0.5 防火分隔间 fire partition

设置于车行通道上,由防火墙、卷帘门组成的,防止火灾蔓延至相邻区域的分隔区域。

3 总体设计

3.1 一般要求

3.1.1 地下车库联络道应为机动车专用地下道路。

3.1.2 地下车库联络道根据服务车型可分为混行车地下车库联络道和小客车专用地下车库联络道,不应通行重型载货汽车以及易燃、易爆及其他危险品车辆。

3.1.3 地下车库联络道的道路等级应为支路,设计速度应为20 km/h,地下车库连接口处设计速度不宜大于10 km/h。

3.1.4 地下车库联络道应按其封闭段长度(L)分为一、二、三、四类,并应符合表3.1.4的规定。

表 3.1.4 地下车库联络道分类

用途	地下车库联络道封闭段长度 L(m)			
	一类	二类	三类	四类
通行机动车	$L>3\,000$	$1\,500<L\leqslant3\,000$	$500<L\leqslant1\,500$	$L\leqslant500$

注:封闭段长度为单方向行驶最长暗埋段长度。

3.1.5 工程总体设计应根据地下车库联络道分类,按表3.1.5配置相应的交通工程及安全设施。

表 3.1.5 地下车库联络道交通工程及安全设施配置

设施名称	地下车库联络道分类				备注
	一	二	三	四	
交通安全设施	■	■	■	■	按第9章规定设置
供配电设施	■	■	■	■	按第7.3节规定设置

设施名称		地下车库联络道分类				备注
		一	二	三	四	
通风设施	通风	■	■	■	■	
	CO检测器	■	■	■	▲	
照明设施	基本照明	■	■	■	■	
	应急照明	■	■	■	▲	
	亮度检测器	■	■	■	▲	
交通监控设施	车辆检测器	■	■	■	▲	
	交通个体级感知设施	■	■	▲	▲	
	视频事件检测器	■	■	■	▲	
	摄像机	■	■	■	▲	
	可变信息标志	■	■	■	▲	
	可变限速标志	■	■	■	▲	
	车道指示器	■	■	■	▲	
	交通区域控制单元	■	■	■	▲	
	地下位置服务设施	▲	▲	▲	▲	
	洞口控制闸机	▲	▲	▲	▲	
火灾探测报警设施	火灾探测器	■	■	■	▲	
	手动报警按钮	■	■	■	▲	
	火灾声光警报器	■	■	■	▲	
	联动模块	■	■	■	▲	
消防设施	机械排烟设施	■	■	■	▲	
	消防水源	■	■	■	▲	
	灭火器	■	■	■	■	
	消火栓系统	■	■	■	▲	
	泡沫消火栓系统	／	▲	▲	／	

设施名称		地下车库联络道分类				备注
		一	二	三	四	
消防设施	自动喷水灭火系统	/	■	▲	/	
	水喷雾系统	■	▲	▲	/	
	泡沫-水喷雾联用系统	▲	/	/	/	
	疏散救援通道及其指示标志	■	■	■	■	
	应急救援站	■	■	■	▲	
通信设施	应急电话	■	■	▲	▲	
	有线广播	■	■	■	▲	
	移动信号	■	■	■	/	
	无线调频信号	■	■	■	/	
中央管理设施	计算机设备	■	■	■	▲	
	显示设备	■	■	■	▲	
	控制台	■	■	■	▲	
防淹设施	液位计	■	■	■	■	
	排水泵及其控制设施	■	■	■	■	
	水位标尺	▲	▲	▲	▲	

注：■—应选；▲—可选；/—不作要求；Z—表示二者应取其一。

3.2 总体设计要求

3.2.1 地下车库联络道工程应根据连通的地下车库车位规模、分担转移地面交通流量等因素合理确定建设规模。

3.2.2 城市地下车库联络道宜衔接设计速度与道路等级相近的地下道路。当设计速度差大于 20 km/h 时，应设置地下匝道过渡衔接。

3.2.3 地下车库联络道工程与地下车库或城市地下道路连通时,应符合下列规定:

1 设施设备应各自独立设计,正常运营互不干扰,交通、停车信息形成互通。

2 防灾系统应各自独立设计,防灾信息形成互通。

3 地下车库联络道、地下车库连接口、地下道路之间,应设置指示和引导标志、净高限制标志和防撞设施等。

3.2.4 地下车库联络道工程与其他地下空间邻建、合建时,应符合下列规定:

1 应合理进行土建分隔,确保功能互不干扰。

2 不宜与人员密集场所相邻。当必须相邻时,隔墙应考虑汽车防撞要求。

3 附属用房与其他地下空间合建时,宜设置独立的出入口。

4 通风井和出入口设置在周边地块用地红线内时,应协调总平面布置与景观效果。

3.2.5 地下车库联络道工程分期建设时,先期工程建设完成后,应具有独立运营的能力;整体工程建设完成后,应具有统一运营的能力。分期设计应符合下列规定:

1 各期工程的道路、结构设计应顺畅衔接。

2 机电系统的分段设计应与工程建设分期匹配,并为后续工程接入预留接口。其中,排水分区应各自独立。

3 运营管理中心或管理所宜在首期工程进行建设,应急救援站应在各期工程中同步建设。

4 防灾设计应满足先期工程投入运营后的疏散救援要求,并同时满足整体工程投入运营后的疏散救援要求。

4 道路设计

4.1 一般规定

4.1.1 地下车库联络道建筑限界应为道路净高线和两侧侧向净宽边线组成的空间界线(图 4.1.1)。建筑限界顶角宽度(E)不应大于机动车道的侧向净宽(W_l)。建筑限界组成最小值应符合表 4.1.1 的规定。

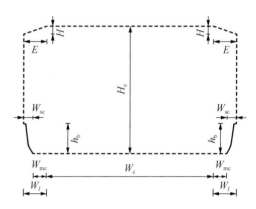

图 4.1.1 建筑限界

表 4.1.1 建筑限界组成最小值

建筑限界组成	路缘带宽度 (W_{mc})	安全带宽度 (W_{sc})	缘石外露度 (h_b)	建筑限界顶角高度(H)	
				$H_c<3.5$m	$H_c\geqslant3.5$ m
取值(m)	0.25	0.25	0.25~0.40	0.20	0.50

注：1 当两侧设置人行道或检修道时，可不设安全带宽度。
　　2 H_c—机动车车行道最小净高；W_c—机动车道的宽度。

4.1.2 地下车库联络道车道最小净高应符合表 4.1.2 的规定，

最小净高应采用一般值,条件受限时可采用最小值。

表 4.1.2 地下车库联络道车道最小净高

净高(m)	
一般值	3.5
最小值	3.2

4.1.3 地下车库联络道建筑限界内不得有任何物体侵入。

4.1.4 地下车库联络道应考虑消防车的通行,并应考虑车道高度对消防车的选型限制。

4.1.5 地下车库联络道不宜采用在同一通行孔布置双向交通。同一通行孔必须布置双向交通时,应采用中央安全隔离措施。

4.2 线形设计

4.2.1 地下车库联络道机动车道的宽度应符合现行行业标准《城市道路工程设计规范》CJJ 37 的规定,车行道宽度可适当压缩,应符合表 4.2.1 规定,一般情况下应采用一般值,条件受限时可采用最小值。

表 4.2.1 地下车库联络道的一条机动车道宽度

车道宽度(m)	一般值	3.25
	最小值	3.00

4.2.2 地下车库联络道平面线形布置应符合城市总体规划、路网规划及连通地块的要求,综合地面道路、地形地物、地质条件、地下设施、障碍物及施工方法等确定。

4.2.3 地下车库联络道平纵横线形组合设计应满足行车视距的要求,并保持视觉的连续性。

4.2.4 地下车库联络道的直线、平曲线、缓和曲线、超高、加宽等平面设计应符合现行行业标准《城市道路路线设计规范》CJJ 193 的规定。

4.2.5 地下车库联络道纵坡宜平缓,机动车道最大纵坡度不应大于 8%。

4.2.6 地下车库联络道洞口应在接地口处设置反坡形成挡水驼峰,挡水驼峰高度不应小于 300 mm。

4.2.7 地下车库联络道洞口内外各 3 s 设计速度行程长度范围内的平纵线形应一致。当条件困难时,应采取安全措施。

4.2.8 地下车库联络道设置平曲线及凹型竖曲线路段,必须进行停车视距验算。

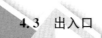

4.3 出入口

4.3.1 地下车库联络道应在有地块接入侧设置辅助车道,地块车库连接口在接入侧布设辅助车道后,接入间距不应小于 30 m(图 4.3.1)。

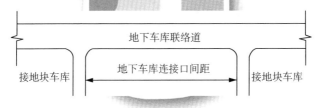

| 接地块车库 | 地下车库联络道 |
| 地下车库连接口间距 | 接地块车库 |

图 4.3.1 地下车库连接口接入间距

4.3.2 地下车库连接口不应设置在进出地下车库联络道的匝道上,与匝道坡道起止线距离不宜小于 50 m。

4.3.3 地下车库联络道出口接地点处与下游地面道路平面交叉口距离应符合下列规定:

 1 与无信号控制平面交叉口的停车线距离不宜小于 40 m。当视线条件好、具有明显标志时,不应小于 30 m。

 2 与信号控制交叉口的停车线距离不宜小于 30 m。当条件受限时,不得小于 20 m。

4.3.4 地下车库联络道出洞口与邻接地面道路出口匝道减速车道渐变段起点的距离应满足设置出口预告标志的需要(图 4.3.4)。当条件受限时,不应小于 30 m,并应在地下道路内提前设置预告标志。

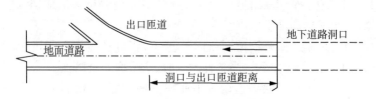

图 4.3.4 地下道路出口与地面道路匝道距离

4.3.5 当地下车库联络道接地后与平面交叉口衔接时,出入口与接地点的布置应符合下列规定:

1 出入口匝道布置可根据条件集中布置在地面道路的中央或两侧,离路口展宽段距离较近时,应按转向拓宽分车道渠化。

2 接地点至地面交叉口停车线距离除应满足视距要求外,还应根据红灯期间车辆排队长度以及匝道与地面道路转换车道所需的交织段长度综合确定。

5 建筑设计

5.0.1 横断面布置在满足建筑限界条件下,应符合下列规定:

1 应满足设备安装工艺以及装饰工艺要求。

2 应预留结构变形、施工误差、路面调坡等余量。

3 设置土建风道时,宜设置在顶部,风道内净高度不宜小于0.8 m。当条件限制需设置在侧面时,应不影响与地下车库的衔接。

4 设置检修道时,宜设置在出入口匝道少的一侧。

5.0.2 地下车库联络道的暗埋段洞口、地下车库连接口和地下匝道口,应设置排水横截沟。

5.0.3 地面设置通风口、通风井、采光口或导光管等设施时,应符合下列规定:

1 设置在地面道路分隔带和设施带时,不得侵入地面道路建筑限界。

2 排风口结合人行道设置时,风口不应低于2.0 m。

3 进风口距离排风口水平距离不应小于10 m,垂直距离不应小于6 m。用作消防的进风口与排烟口,其设置应符合现行国家标准《建筑防烟排烟系统技术标准》GB 51251 的要求。

4 敞开式通风口、采光口应设置防跌落措施。

5 导光管宜结合绿化设置。

5.0.4 出入口匝道设置的风雨棚设施,主体设计使用年限不宜小于50年,棚体及其连接件使用年限不宜小于15年。

5.0.5 匝道的引道段地面护栏的高度不应低于1.10 m。

5.0.6 附属设备用房宜集中布置,应满足正常运营、管理维护、防灾的综合需要。

5.0.7 地下车库联络道应就近设置运营管理设施,并符合下列规定:

    1 一类、二类地下车库联络道宜设置运营管理中心,三类、四类宜设置设备监控、应急事件处理管理所,并应根据管养要求配置运维车辆停车位。

    2 运营管理中心或管理所不能就近设置时,应就近设置应急救援站。

    3 运营管理设施的建设规模不宜超过表5.0.7的规定。

表 5.0.7　运营管理设施建设规模

等级	运营管理中心	监控、应急事件处理管理所	应急救援站
建筑面积(m²)	1 000~1 500	600~800	40~80

6 结构设计

6.1 一般规定

6.1.1 结构应采用以概率理论为基础的极限状态设计方法,采用分项系数的设计表达式进行设计。应分别按施工阶段和正常使用阶段进行承载力计算、稳定性验算、结构构件抗震承载力验算,并进行变形与裂缝宽度的验算。

6.1.2 结构设计应从工程建设条件出发,根据工程水文地质、环境条件、与周边地块的建设时序等,通过技术经济、功能效果、环境影响等综合比较,选择合理安全的施工方法、支护方案和结构型式。

6.1.3 主体结构设计工作年限应符合下列规定:

  1 位于市政道路红线范围外且与地块地下室合建的主体结构设计工作年限应按地块地下室结构设计工作年限确定,且不应小于 50 年,其余情况下主体结构设计工作年限应为 100 年。

  2 使用期间可以更换且不影响运营的次要结构构件,结构设计工作年限可确定为 50 年。

6.1.4 主体结构位于市政道路红线范围外,且与地块地下室合建的结构安全等级,应与地块地下室结构安全等级一致,且不应低于二级。其余情况下结构安全等级为一级。

6.1.5 出入口匝道设置钢结构风雨棚时,其安全等级应为二级,设计工作年限宜为 50 年。

6.1.6 结构的净空尺寸除应满足建筑限界、建筑设计、施工工艺等要求外,还应考虑施工误差、测量误差、结构变形及后期沉降的影响。

6.2 工程材料与荷载

6.2.1 工程材料应根据结构类型、受力条件、使用要求和所处环境并结合其可靠性、耐久性和经济性选用。主要受力结构可采用钢筋混凝土结构，必要时也可采用预应力钢筋混凝土结构、钢管混凝土结构、钢骨混凝土结构、型钢混凝土组合结构和金属结构。且应符合下列规定：

1 主体结构设计工作年限为 100 年时，混凝土强度等级不应低于 C35。

2 作为永久结构的地下连续墙和灌注桩，设计工作年限为 100 年时混凝土强度等级不应低于 C35，为 50 年时不应低于 C30。

3 地下结构应采用自防水混凝土，抗渗等级应根据开挖深度确定，且不应小于 P8。

4 普通钢筋混凝土结构主要受力钢筋应采用 HPB300、HRB400、HRB500、HBF400、HPBF500 级钢筋。

5 各类框架中的纵向受力钢筋，应采用 HRB400E、HRB500E、HRBF400E、HRBF500E 级钢筋，并应符合下列要求：

    1） 钢筋的抗拉强度实测值与屈服强度实测值的比值不应小于 1.25；

    2） 钢筋的屈服强度实测值与屈服强度标准值的比值不应大于 1.3；

    3） 钢筋在最大拉力下的总伸长率实测值不应小于 9%。

6.2.2 作用在结构上的荷载可按表 6.2.2 进行分类。在决定荷载的数值时，应根据现行国家标准《建筑结构荷载规范》GB 50009 的有关规定，并应根据施工和使用阶段可能发生的变化，按可能出现的最不利情况，确定不同荷载组合时的组合系数。

表 6.2.2　荷载分类

荷载类型		荷载名称
永久荷载		结构自重
		地层压力
		结构上部破坏棱体范围内的建(构)筑物压力
		水压力及浮力
		混凝土收缩及徐变效应
		预加应力
		固定设备重量
		工后差异沉降作用
		侧向地层抗力及地基反力
可变荷载	基本可变荷载	地面车辆荷载及其动力作用
		地面车辆荷载引起的侧向土压力
		内部车辆荷载及其动力作用
		地面超载
	其他可变荷载	人群荷载
		温差作用
		施工荷载
偶然荷载		地震作用
		人防荷载
		车辆撞击荷载
		沉船、爆炸、锚击等灾害性荷载

注:1　设计中要求考虑的其他荷载,可根据其性质分别列入上述三类荷载中。
　　2　表中所列荷载本节未加说明者,可按国家有关规范或根据实际情况确定。
　　3　施工荷载包括设备运输及吊装荷载、施工机具及人群荷载、施工堆载、相邻结构施工的影响等。

6.2.3　永久荷载标准值应符合下列规定:

1　结构自重可按结构设计断面尺寸及材料重度标准值计算。

2　竖向地层压力应按计算截面以上全部土柱重量计算。

3 水平地层压力可采用朗肯土压力公式计算。施工阶段水平地层压力宜按水土分算的原则考虑,在有工程经验时,对于黏性土水平地层压力也可按水土合算的原则计算。使用阶段水平地层压力应按静止土压力计算,采用水土分算。计算中还应计及地面荷载(按地面车辆荷载和周围建筑物基础的实际情况取值)以及施工机械等引起的附加水平地层压力。

6.2.4 可变荷载的标准值可按下列规定计算:

1 汽车荷载及其动力作用应按现行行业标准《城市桥梁设计规范》CJJ 11 和《公路桥涵设计通用规范》JTG D60 的有关规定计算。

2 变形受约束的结构,应考虑温度变化和混凝土收缩、徐变对结构的影响。

3 地面超载一般可按 20 kPa 考虑,对于大型施工机械作业区域、施工堆场、覆土厚度特别小或规划用途已定等情况,地面超载应根据实际情况分析后取用。

6.2.5 偶然荷载可按下列规定计算:

1 地震作用应按现行上海市工程建设规范《建筑抗震设计标准》DG/TJ 08—9 的规定计算确定。

2 人防荷载应按本标准第 10 章有关条文确定。

3 车辆撞击荷载应按现行国家标准《建筑结构荷载规范》GB 50009 的规定计算确定。

4 沉船、爆炸、锚击等灾害性荷载应根据工程建设条件分析后确定。

6.3 基坑支护设计

6.3.1 基坑工程应综合考虑工程地质与水文地质条件、开挖深度、周边环境、结构类型以及周边地下车库及其连接口的建设时序等因素,并结合整体工程实施方案,合理制定设计方案。

6.3.2 基坑工程应按现行上海市工程建设规范《基坑工程技术标准》DG/TJ 08—61、《基坑工程微变形控制技术标准》DG/TJ 08—2364 的相关规定确定安全等级及环境保护等级,并进行基坑工程设计。

6.3.3 当基坑支护利用邻近地下室支护结构时,应分析基坑施工期间对邻近地下室结构内力、变形及稳定性的影响,并验算所利用地下室支护、结构承载力及变形,提出保证邻近地下室结构安全的针对性措施。

6.4 主体结构设计

6.4.1 地下车库联络道结构宜采用整体式钢筋混凝土结构。主体结构与支护结构之间,可选用叠合式或复合式构造,支护结构作为永久结构的一部分时与主体结构共同受力。

6.4.2 主体结构应分别对施工阶段和正常使用阶段进行结构承载力、变形、稳定性验算和耐久性设计。对于钢筋混凝土结构,尚应进行裂缝宽度验算。

6.4.3 设计计算原则应符合下列规定:

1 结构设计应根据施工阶段和正常使用阶段在结构上可能出现的荷载,按承载能力极限状态和正常使用极限状态分别进行荷载组合,并应取各自最不利的组合进行设计;当计入地震力或其他偶然荷载时,不需验算结构的裂缝宽度;当围护结构兼作上部建筑物基础时,尚应进行竖向承载能力、地基沉降和稳定性验算。

2 对长条形钢筋混凝土框架结构,可沿纵向取单位长度按底板支承在弹性地基上的平面框架分析;逆作法施工时,应考虑立柱施工误差造成的偏心影响和立柱与外侧围护墙的沉降差等。

3 下列情况时,主体结构宜按空间结构进行分析:

1) 上部局部建有建筑物或构筑物时。

2）沿纵向土层有显著差异时。

3）覆土厚度沿纵向有较大变化时。

4）结构型式有较大变化处。

5）地下车库连接口、匝道分岔、与地下车库合建等空间受力作用明显处。

4 结构进行抗浮验算时,应按最不利情况验算。抗浮安全系数当不考虑侧墙与土体摩阻力时不应小于 1.05,考虑侧墙与土体摩阻力时不应小于 1.10。

6.4.4 地下结构与土层接触的顶板、底板和侧墙混凝土构件的裂缝宽度最大限值为 0.2 mm;中隔墙、中板等混凝土构件裂缝宽度最大限值为 0.3 mm。

6.5 防水及耐久性设计

6.5.1 地下车库联络道结构的防水设计,应根据环境类别、水文地质状况、结构特点、施工方法、使用要求等因素进行,满足结构的安全、耐久性和使用要求。

6.5.2 防水设计应遵循"因地制宜、以防为主、防排结合、综合治理"的原则,采取与其相适应的防水措施。防水设计工作年限不应低于工程结构设计工作年限。

6.5.3 防水等级应符合下列规定:

1 机电设备集中区段的结构防水类别为甲类,防水使用环境类别为Ⅰ类,防水等级为一级。

2 其余区域的结构防水类别为乙类,防水使用环境类别为Ⅰ类,防水等级为一级。

6.5.4 与地块地下室合建的地下车库联络道结构的耐久性设计应与地块地下室的耐久性设计一致,单独建设的地下车库联络道结构的耐久性设计可参照现行上海市工程建设规范《轨道交通及隧道工程混凝土结构耐久性设计施工技术规范》DG/TJ 08—

2128 的相关规定执行。

6.6 结构抗震

6.6.1 地下车库联络道主体结构的抗震设防分类及抗震等级应符合下列规定：

1 位于城市快速路、主干路、次干路道路红线范围内的结构抗震设防类别为重点设防类，抗震等级为二级。

2 位于支路及道路红线范围外的结构抗震设防类别为标准设防类，抗震等级为三级。

3 与地块地下室合建的结构的抗震设防类别及抗震等级，不应低于地块地下室的抗震设防类别及抗震等级。

6.6.2 场地类别、结构的抗震措施、液化土的判别与处理，应符合现行上海市工程建设规范《建筑抗震设计标准》DG/TJ 08—9 的有关规定。

6.6.3 地下车库联络道结构地震作用的分析与验算应按照现行上海市工程建设规范《建筑抗震设计标准》DG/TJ 08—9 中地下结构的有关规定进行；与其他建（构）筑物合建的地下车库联络道应按整体结构进行分析和验算。

7 机电设计

7.1 通 风

7.1.1 通风系统设计应考虑稀释地下车库联络道内汽车排出废气中以 CO 气体为代表的有害物质、烟尘和异味,为司乘人员、维修人员提供满足标准的通风卫生环境,为安全行车提供良好的能见度和舒适性。

7.1.2 正常通风系统与火灾排烟系统合用时,设备应符合排烟系统耐高温要求。

7.1.3 通风方式应兼顾节能环保。

7.1.4 通风设备应选用性能优良、技术先进、效率高、噪声低的产品。

7.1.5 CO 和烟尘设计浓度应按表 7.1.5 取值。

表 7.1.5 CO 和烟尘设计浓度

设计项	交通状况	CO 设计浓度(ppm)	烟尘设计浓度(m^{-1})
地下车库联络道	正常交通(20 km/h)	70	0.007
	阻滞交通(10 km/h)	100(阻滞段)	0.007

注:地下车库联络道换气次数按 3 次/h～5 次/h 计算。

7.1.6 单洞双向行驶的地下车库联络道宜采用横向或半横向通风方式。单洞单向行驶的地下车库联络道,当主线成环状设计时,宜采用横向或半横向通风方式;非环状设计时,宜采用纵向通风方式。条件允许时,地下车库联络道可采用自然通风方式。

7.1.7 通风设备产生的噪声、地下车库联络道废气排放应符合环境保护要求。

7.2 给排水

7.2.1 地下车库联络道给排水、消防系统应满足车行通道的生产、生活和消防供水，及时排除生产、生活污废水、地下渗入水、事故消防水及敞开部分的雨水。

7.2.2 地下车库联络道给水应安全可靠，并满足各用水点对水量、水质及水压的不同要求。

7.2.3 地下车库联络道的生产、生活给水系统应与消防给水系统分开。

7.2.4 排水系统应符合下列规定：

    1 应根据污、废水的性质，并结合室外排水体制确定。

    2 排水应分类集中，采用高水高排、低水低排、互不连通的系统就近排放。

    3 汇水面积应合理确定，并设有防止高水进入低水系统的可靠措施，确保地下车库联络道运营的安全性。

    4 废水量应按消防水量考虑。

    5 暴雨强度公式应选用上海的计算公式，暴雨重现期按50年考虑，径流系统为0.9。

    6 横截沟、排水管道等断面尺寸应按通过全部排水量考虑。

7.2.5 给排水系统设计应符合现行上海市工程建设规范《道路隧道设计标准》DG/TJ 08—2033 的规定。

7.2.6 各种设备选型应技术先进、性能优良、可靠性高、规格统一。设计中应为施工安装、操作管理、维修检测及安全维护等提供便利条件。

7.3 供电与照明

7.3.1 地下车库联络道电力负荷等级应符合下列规定：

1 一级负荷：消防泵、轴流风机、基本照明、应急照明、雨水泵、综合监控系统等设备。其中，应急照明和综合监控系统为一级负荷中的特别重要负荷。

2 二级负荷：地下车库联络道出入口加强照明、设备用房排水泵等。

3 三级负荷：地下车库联络道检修用电及其他不属于一、二级的用电负荷。

7.3.2 地下车库联络道的变电所设置应符合下列规定：

1 宜设置在地下一层，且不得放在最底层。

2 10/0.4 kV变电所供电半径不宜超过500 m，当与管理中心或泵房合建时，应做好防水、防辐射措施。

7.3.3 地下车库联络道照明系统设计应符合下列规定：

1 照明系统主要由以下部分构成：敞开段照明、入口段照明、过渡段照明、中间段照明、出口段照明和应急照明。

2 敞开段按道路照明标准设计。

3 入口段、过渡段和出口段照明由基本照明和加强照明两部分组成，前者的灯具布置按中间段照明考虑，后者配以功率较大的灯具加强照明。

4 照明宜采用LED灯具，并参考国家标准《LED城市道路照明应用技术要求》GB/T 31832—2015附录F中规定的计算方法进行照度计算。

7.3.4 电缆敷设应符合下列规定：

1 地下车库联络道电缆敷设应结合工程具体情况，采用装饰板后暗敷或穿电缆桥架等敷设方式。

2 消防设备主干电缆应采用柔性矿物绝缘电缆，非消防设备主干电缆应采用阻燃铜芯电缆。

7.3.5 地下车库联络道及设备用房内的所有电气设备箱应设置除湿装置。水泵控制柜安装高度应高于泵房地坪1 m以上，并采取防淹措施。

7.3.6 防雷接地设计应符合下列规定：

1 10 kV 进线、母排及出线回路应装设避雷器防止过电压。

2 在 0.4 kV 进线处均应安装电涌保护器，以减小雷电波的侵入危害。

3 应采用 TN-S 制保护系统，共用接地装置，接地电阻不应超过 1 Ω。所有用电设备金属外壳、金属构件等均应与接地装置可靠连接，形成电气通路。

7.4 弱电系统

7.4.1 地下车库联络道弱电系统宜由中央控制管理、交通监控、环境监测及设备监控、视频监控、广播、电话、无线通信、时钟同步等系统组成。各弱电系统的设施配置可参见本标准表 3.1.5，其中一、二类地下车库联络道宜设置时钟同步系统。各弱电系统的设计应符合国家现行有关标准的规定以及相关主管部门和运营管理部门的要求。

7.4.2 地下车库联络道内外设置的弱电设备的防护等级不应低于 IP65，附属设备用房的防护等级不应低于 IP40。

7.4.3 一类地下车库联络道宜根据运营管理的需要设置分控室，分控室应能将所有的数据上传至中控室，并接受中控室的指令。

7.4.4 中央控制管理系统的设计应满足下列要求：

1 各子系统的应用软件应具有信息采集及显示功能、故障报警及保护功能、数据处理功能、控制方案执行功能、统计查询和报表生成功能、数据档案存储功能、设备监测功能、网络管理功能、账户管理功能、参数设置功能等，且不受其他子系统的影响。

2 应设置大屏幕显示子系统，在大屏幕上可显示地下车库联络道的总体布局以及各个系统的设备运行情况和视频监控图像。

3 宜设置集成化平台,平台宜采用模块化结构,平台的功能应结合地下车库联络道的规模、运营管理要求以及项目成本等综合考虑。

4 应根据系统的规模、功能及业务需要配置信息安全保障设备及网络安全管理系统。

7.4.5 交通监控系统的设计应满足下列要求:

1 交通监控系统宜包括交通信息采集系统、交通事件分析检测系统、交通控制及诱导系统、位置服务系统、入口管控系统等子系统。

2 交通信息采集的范围应能覆盖整个车库联络道,信息采集宜采用视频、雷达等方式,信息采集的类型应包括车型、车速、车流量、占有率、排队长度等。

3 交通事件分析检测数据通过视频分析方式获取,可采用前端分析、中心集中分析或其相结合的方式。

4 系统相关数据应能上传至相关主管部门。

7.4.6 环境检测及设备监控系统的设计应满足下列要求:

1 应能对暖通、排水、照明等设备遥信、遥测和遥控,对 CO、VI 的浓度以及室内外的光亮度进行监测。

2 应具备设备监测、报警、安全保护、远程控制、自动启停、网络管理、数据存储及记录、账户权限管理等功能。

3 与火灾报警系统进行关联监控时,应遵守火灾自动报警系统优先原则。

7.4.7 视频监控系统的设计应满足下列要求:

1 采用 H.264 或 H.265 等编码格式,图像显示、存储分辨率不应低于 1 080 P,图像存储时间不应少于 30 d。

2 地下车库联络道内视频监控图像应实现全覆盖,直线段宜采用固定式高清摄像机,分辨率不小于 200 万像素,设置间距不宜大于 80 m,曲线段适当加密,确保监控区域连续覆盖、监控目标清晰可辨;分合流点处宜设置一体化快球型摄像机,分辨率不小于 400 万像素。

3 附属设备用房中的人员出入口、公共通道以及变电所、消防泵房、弱电机房、中控室等重要机房内宜设置固定式摄像机。

4 应能将所需图像上传至上级主管部门,图像传输标准应符合现行国家标准《安全防范视频监控联网系统信息传输、交换、控制技术要求》GB/T 28181 的相关规定。

7.4.8 广播系统的设计应满足下列要求:

1 应具备日常运营管理广播和火灾及其他灾害时作为应急广播的功能。

2 应具备在线监听、故障自动检测及报警、设备状态监视、分区强插、分区对讲、优先级排序、主备功率放大器切换、自动录音等功能。

3 扬声器应设置在地下车库联络道内、人员出入口、疏散通道等处,扬声器的选用类型及布设方案应能使播放的语音清晰。

7.4.9 电话系统的设计应满足下列要求:

1 应包含业务电话和紧急电话。

2 紧急电话应具备选呼和组呼、故障自动检测及报警、自动录音及回放、查询统计等功能。

3 地下车库联络道内的紧急电话设置间距不宜大于 200 m。当兼作消防电话使用时,设置间距不宜大于 150 m。

7.4.10 无线通信系统的设计应满足下列要求:

1 地下车库联络道内外应考虑管理调度无线、公安无线、消防无线、调频广播等信号的覆盖,宜采用漏泄电缆或天线的方式。

2 附属设备用房内应考虑管理调度无线、公安无线、消防无线信号的覆盖,宜采用天线的方式。

3 应具备选呼、组呼和群呼、故障自动检测及报警、自动录音及回放、查询统计等功能。

4 应为民用无线通信系统预留安装实施条件。

7.4.11 时钟同步系统的设计应满足下列要求：

1 应能为运营管理中心、值班室、设备室提供标准时间信息，为各分系统提供标准时间信号。

2 中心母钟应设置在运营管理中心，接受全球卫星定位系统/北斗卫星导航系统基准信号的校准。

7.4.12 电源系统的设计应满足下列要求：

1 弱电设备的电源应按一级负荷中的特别重要负荷供电，并配置不间断电源(UPS)供电。

2 不间断电源的蓄电池容量应保证在 90％负荷时连续供电不少于 2 h，对于广播系统和紧急电话系统应保证在 100％负荷时连续供电不少于 3 h。

3 不间断电源及蓄电池的运行状态、参数信息应上传至环境监测与设备监控系统。

7.4.13 接地及防雷系统的设计应满足下列要求：

1 弱电系统接地应采用共用接地系统，接地电阻值不应大于 1 Ω，并应采取等电位连接措施。

2 不间断电源和交流电源配电装置的进线端、出线端、进出地下车库联络道以及室外安装的弱电设备的供电线路应设置电源防雷保护装置；进出地下车库联络道以及室外安装的弱电设备的信号传输线路应设置信号防雷保护装置。

7.4.14 管线敷设应满足下列要求：

1 地下车库联络道内外电缆敷设路由应遵循弱电电缆与强电电缆分离的原则，合理布置电缆分层及交叉位置。

2 地下车库联络道内主干弱电线缆应敷设在弱电专用钢制桥架内，钢制桥架、支架以及其他钢制安装部件应有可靠的防腐措施；支线弱电线缆宜穿热镀锌钢管敷设。

3 弱电线缆应采用低烟无卤阻燃型线缆。线缆燃烧性能不应低于 B1 级，产烟毒性不应低于 t1 级，燃烧滴落物/微粒等级不应低于 d1 级。

8 防灾设计

8.1 一般规定

8.1.1 地下车库联络道防火灾设计应符合下列规定：

1 同一条地下车库联络道内应按同一时间发生一次火灾考虑。

2 地下车库联络道与地下车库、地下道路等周边毗邻场所的防灾信息应互通。

3 应根据交通功能、交通组成状况,确定最大火灾热释放率,并应据此进行火灾排烟设计,最大火灾热释放率可按表 8.1.1 的规定取值。

表 8.1.1 最大火灾热释放率

车辆类型	小轿车	小型货车
火灾热释放率(MW)	5~8	10~15

8.1.2 地下车库联络道工程、地下附属设备用房、通风井、疏散出入口和出入口匝道风雨棚的耐火等级应为一级。地面重要设备用房、运营管理中心耐火等级不应低于二级。其他地面附属设备用房的耐火等级应为二级。

8.2 建筑防火

8.2.1 地下车库联络道防火分区设计应符合下列规定：

1 单个车道孔应为一个防火分区。设备管廊、附属设备用房等与车道应为不同的防火分区。

2 相邻车库应按照其车库类别进行防火设计。

8.2.2 地下车库联络道应设置安全疏散设施,并应符合下列规定:

1 单层地下车库联络道应设置直通室外的人员疏散口,双层地下车库联络道应设置直通室外的人员疏散口或连通双层的疏散楼梯。

2 人员疏散口或疏散楼梯的间距宜为 250 m～300 m,净宽度不应小于 1.2 m,净高度不应小于 2.1 m。

3 地下附属设备用房安全疏散应符合现行国家标准《建筑设计防火规范》GB 50016 的要求。建筑面积不大于 200 m² 且无人值守的设备用房,可设置 1 个开向相邻防火分区的疏散门或借用邻近地下道路的人员安全出口。

8.2.3 地下车库联络道应设置车行疏散通道,间距不宜大于 1 km,车行疏散通道净宽度不应小于 4 m,净高度不应小于地下车库联络道的车道高度。满足下列条件之一可作为车行疏散通道:

1 地下车库联络道的匝道出入口。

2 与其他地下道路的连接口。

3 专用车行疏散通道,坡道坡度直线段不大于 10%,曲线段不大于 8%。

8.2.4 地下车库联络道与相邻地下空间的人行连通处应采取防火隔间进行连通。防火隔间应符合现行国家标准《建筑设计防火规范》GB 50016 的要求。

8.2.5 地下车库联络道与相邻地下车库或地下道路的车行连通处应设置防火分隔,并应符合下列规定:

1 应设置两道防火卷帘形成防火分隔间,防火卷帘之间的最小间距不应小于 4 m。防火分隔间内可不设置消防设施。防火卷帘可由地下车库联络道、相邻地下车库或其他地下道路分别控制。

2 防火分隔间内部装修材料的燃烧性能应为 A 级。

8.2.6 地下车库联络道顶部主体结构应采取防火内衬进行保护。防火内衬的耐火极限及测试升温曲线应符合表 8.2.6 的规定。

表 8.2.6　耐火极限及测试升温曲线

地下车库联络道分类	耐火极限（h）	测试升温曲线
一类、二类	2	RABT/HC(仅通行小轿车)
三类	2	HC
四类	不限	—

8.2.7　除嵌缝材料外，地下车库联络道车道的装修应采用不燃材料。

8.2.8　地下车库联络道设置的应急救援站应符合下列规定：

　　1　应急救援站与地下车库联络道地面匝道口间距不宜大于 2 km。

　　2　应急救援站应配置通信值班室、器材库和应急车辆停车位。应急救援车辆应满足进入地下车库联络道的通行高度要求。

　　3　应急救援站内消防装备配置，可参照现行上海市地方标准《专职消防队、微型消防站建设要求》DB31/T 1330 中单位微型消防站的相关规定执行。

8.3　防烟和排烟

8.3.1　一、二、三类地下车库联络道应按火灾规模设置排烟设施，四类地下车库联络道可采用自然排烟方式，并符合表 8.3.1 的规定。

表 8.3.1　排烟系统

系统	一类	二类	三类	四类
排烟系统	机械排烟			自然/机械排烟
	其他长度大于 60 m 且无自然排烟条件的匝道及地下车库连接口应设置机械排烟系统			

8.3.2 单洞双向行驶的地下车库联络道应采用横向排烟方式。单洞单向行驶的地下车库联络道,当主线成环状设计时,宜采用横向排烟方式;非环状设计时,可采用纵向排烟方式。

8.3.3 采用横向、半横向通风方式的地下车库联络道应通过主风道排烟。排烟分区可按联络道的通风分区划分,排烟口宜尽量靠近联络道顶部设置,且每个烟气控制区内相邻排烟口间距不应大于 60 m,排烟分区长度不宜大于 300 m。

8.3.4 采用纵向分段排烟方式的主联络道,排烟分区的长度不宜大于 1 000 m。

8.3.5 地下车库联络道与其他地下道路连接的地下匝道,当长度大于 60 m 时,应划分排烟分区。出入口匝道所设置的风雨棚采用自然排烟方式时,应设置有效面积不小于 10% 的自然排烟口。

8.3.6 机械排烟系统设计时,应设置补风系统。补风系统可采用出入口匝道、竖井等自然进风方式或机械送风方式,补风量不应小于排烟量的 50%。

8.3.7 地下车库联络道防烟系统的设计应根据建筑的高度、使用性质等因素,采用自然通风防烟方式或机械加压送风防烟方式。其设置应符合现行国家标准《建筑防烟排烟系统技术标准》GB 51251 的规定。

8.3.8 排烟管道应符合下列规定:

    1 机械排烟系统风管应采用不燃材料,且应保证耐火极限不低于 1.0 h。

    2 地下车库联络道的横向排烟道可采用混凝土浇筑且内壁光滑的风道。

8.4 消防给水与灭火

8.4.1 消防系统应符合下列规定:

    1 消防给水系统设计应安全可靠、经济合理,并满足各用水点对水量、水质及水压的不同要求。消防给水系统水源应优先采用城市市政给水。

2 消防水量应按同一时间发生一次火灾考虑。

8.4.2 消防系统设计应符合下列规定：

1 室内消火栓用水量不应小于 20 L/s,室外消火栓用水量不应小于 30 L/s,火灾延续时间不小于 3 h。对于长度小于 1 000 m 的地下车库联络道,洞口内、外消火栓用水量可分别为 10 L/s 和 20 L/s,火灾延续时间不小于 2 h。消火栓最不利点的充实水柱不应小于 10 m。

2 泡沫消火栓系统用水量不应小于 30 L/min,最不利点比例混合器所需进水压力为 0.35 MPa,泡沫混合液浓度为 3%,持续喷射泡沫混合液时间不应小于 20 min。

3 自动喷水灭火系统按中危险Ⅱ级设计,系统最不利点喷头的工作压力不应小于 0.05 MPa。

4 水喷雾系统的喷雾强度不应小于 6 L/(min · m²),最不利点处喷头的工作压力不应小于 0.2 MPa。

5 泡沫-水喷雾系统的喷雾强度不应小于 6.5 L/(min · m²),最不利点处喷头的工作压力不应小于 0.35 MPa,泡沫混合液持续喷射时间不应小于 20 min,持续喷雾时间不应小于 1 h。

6 地下车库联络道内应布置灭火器,灭火器的选型应满足扑灭 A、B、C 类火灾的要求。

8.4.3 消火栓系统、泡沫消火栓系统、水喷雾系统、泡沫-水喷雾联用灭火系统、灭火器以及水泵接合器的设置应符合现行上海市工程建设规范《道路隧道设计标准》DG/TJ 08—2033 的规定。

8.4.4 消防泵房的设施应符合下列规定：

1 消防泵房取水应由城市给水管网引入 2 根进水管,并形成环状供水;或者由消防水池供水。消防水池无条件单独设置时,消防水池可与地下车库联络道相邻的地块合用。

2 消防泵应设备用泵。

8.5　应急照明和疏散指示标志

8.5.1　应急电源与正常电源之间,应采取防止并列运行的措施。当有特殊要求,应急电源向正常电源转换需短暂并列运行时,应采取安全运行的措施。

8.5.2　消防线路应采用铜芯导线或电缆,并符合下列规定:

　　1　消防用电的配电线路,电线暗敷时,应采用阻燃线穿金属管保护并敷设在不燃烧体结构内30 mm;电线明敷时,应采用耐火线穿金属管或敷设在金属线槽内。

　　2　电缆明敷时,应采用低烟无卤阻燃耐火电缆敷设在金属桥架内;矿物绝缘电缆可直接明敷。

　　3　由变配电所(或总配电室)引至消防设备的电源主干线应采用阻燃耐火电缆或矿物绝缘电缆。

8.5.3　应急照明和疏散指示标志应符合下列规定:

　　1　地下车库联络道内应设火灾应急照明和疏散指示标志;一、二类地下车库联络道内应急照明灯具和疏散指示标志的连续供电时间不应小于1.5 h;三、四类地下车库联络道,不应小于1 h;地下车库联络道应急照明中断时间不得超过0.3 s。

　　2　火灾应急照明灯宜设在墙面或顶棚上,其地面最低照度不应低于0.5 lx。疏散指示标志宜设在疏散门的顶部或疏散通道及其转角处,且距地面高度1 m以下的墙面上。通道上的指示标志,其间距不宜大于10 m。

　　3　应急照明设计应符合现行国家标准《消防应急照明和疏散指示系统技术标准》GB 51309的有关规定。

8.6　火灾自动报警及防灾通信

8.6.1　地下车库联络道内的报警区域长度应与灭火系统的联动

需求相适应。

8.6.2 火灾自动报警装置的选择应符合下列规定：

    1 地下车库联络道行车区域的火灾自动报警装置应同时采用线型光纤感温探测器和点型红外火焰探测器(或图像型火灾探测器)。

    2 线型光纤感温探测器应设置在地下车库联络道行车区域的顶部，每根探测器可覆盖的车道数不应超过 2 条。

    3 地下车库联络道行车区域应设置手动报警按钮和声光报警器，其设置间距不应大于 50 m，宜与消火栓等灭火设施同址设置。

8.6.3 地下车库联络道发生火灾时，应能联动控制与地块衔接处的防火卷帘门一次降落到底。

8.6.4 消防设施联动模块宜集中安装在模块箱内。

8.6.5 火灾自动报警系统信息传输网络应采用独立传输网络。

8.6.6 地下车库联络道内的火灾自动报警系统设备的防护等级不应低于 IP65，附属设备用房的防护等级不应低于 IP40。

8.6.7 地下车库联络道内的紧急电话为独立通信系统时可兼作消防电话使用，其设置间距不应大于 150 m，并应在紧急电话上方设置其电光标志牌。

8.6.8 广播系统可兼作防灾应急广播使用；扬声器应覆盖整个地下车库联络道、人员疏散通道以及楼梯间；单个广播扬声器失效不应导致整个广播分区失效。

8.6.9 地下车库联络道内设置的无线通信系统在灾害发生时应能满足公安、消防统一调度的要求，运营管理中心应设防灾无线通信调度台。

8.6.10 一、二、三类地下车库联络道宜设置本地防灾综合管理平台，平台上应预设各种应急联动预案，发生灾害时能根据所发生灾害的种类一键启动响应的应急联动控制方案，并应能和上一级应急管理平台实现数据互通。

8.6.11 火灾自动报警系统主干线缆宜敷设在火灾报警专用防火钢制桥架内；支线火灾报警线缆宜穿热镀锌钢管暗敷。

8.6.12 火灾自动报警系统、广播系统和紧急电话系统的线缆应采用低烟无卤阻燃耐火型线缆；线缆燃烧性能不应低于 B1 级，产烟毒性不应低于 t1 级，燃烧滴落物/微粒等级不应低于 d1 级。

8.7 防淹设计

8.7.1 地下车库联络道出入口周边的地面道路路面积水超过 300 mm 时，地下道路应关闭。出入口应采取防淹措施，并应符合下列规定：

1 地下车库联络道与地面道路的衔接处应设置驼峰，驼峰应按本标准第 4.2.6 条要求设置。如驼峰高度不能满足要求，应在接地点上方设置横截沟。

2 出入口两侧应设置挡水墙，挡水墙高度不应小于 600 mm 或所在区域防淹设防高度，且应延伸至驼峰或横截沟。

3 如需加强出入口防淹措施，挡墙开口处宜设置关闭便捷、耐水压的挡水措施。

4 洞口宜设置地面积水深度标尺、标识线和提醒标语等警示标识。

8.7.2 地下车库联络道出入口以及最低点宜设置地面积水自动监测、报警装置和摄像机，并将信号传送至中控室。

8.7.3 中控室应能对地下车库联络道内的排水泵进行监视和控制，集水坑内宜设置液位计，能对集水坑内的液位进行实时监视。

8.7.4 地面人行出入口、风亭和采光亭等不宜采用敞开形式；如必须采用，应充分考虑下部排水措施。人员出入口的入口高度及风亭和采光亭的挡板高度，不应小于 600 mm。

8.7.5 地下设置的变配电室、消防水泵房、防灾控制室、对外管线井或管线间应采用防淹措施。

8.7.6 排水设施的防淹设备供电为特别重要负荷，除了正常市电供电外，还应自备应急电源。

9 交通设施设计

9.1 交通标志和标线

9.1.1 地下车库联络道应采用电光源式交通标志。

9.1.2 地下车库联络道的交通标志应设置在驾驶人员最易看到并能准确判读的醒目位置,应避免侧墙等对标志的遮挡,并应保证交通标志的视认距离。交通标志的动态视认距离不应小于210 m,静态视认距离不应小于250 m。

9.1.3 地下车库联络道的交通标志设置应合理布局,不得出现信息不足或过载现象,信息应连续,宜采用双侧设置的方式,重要信息宜重复显示。

9.1.4 地下车库联络道可变信息标志、标志的字高等尺寸可根据道路内空间状况作适当调整。

9.1.5 地下车库联络道交通标志不得侵入道路建筑限界。

9.1.6 地下车库联络道宜从交通标志点位布置、连续的出入口编码、精细化的标志版面等方面,建立层次分明、引导高效的交通导向系统。

9.1.7 交通标志指示内容较多时,可采用异形或将标志内容分设于前后多块标志。

9.1.8 交通标志设置不应对照明、通风、监控等设施功能产生影响。

9.1.9 地下车库联络道内应设置停车库指路标志及停车库入口标志。

9.1.10 地下车库联络道总体引导标志设置应符合下列规定:

　　1 地下车库联络道宜在入口前及内部适当位置设置总体引导标志。

2 总体引导标志可设置于入口正面墙、主次环分岔点、弯道等特殊点的正面墙及侧墙位置。

3 总体引导标志版面应显示地下车库联络道总体走向、主要道路出入口和接入地块入口名称以及当前定位等信息,并应具有足够易于识别的版面尺寸。

9.1.11 地下车库联络道交通标线应由施划或安装于城市地下道路上的各种线条、箭头、文字、图案及立面标记、凸起路标和轮廓标等交通安全设施所构成。

9.1.12 地下车库联络道标线在满足行车安全情况下,涂料宜优选防污性能好、节能环保型材料。

9.1.13 交通标线的形式、颜色应符合现行国家标准《道路交通标志和标线 第 3 部分:道路交通标线》GB 5768.3 及《城市道路交通标志和标线设置规范》GB 51038 的有关规定。

9.1.14 地下车库联络道的出入洞口交通标线宜铺装防滑材料,地下道路内部车道边缘线宜采用振荡标线。在地下道路内部车道边缘线的外侧应设置凸起路标;在地下道路出入口车道边缘线的外侧宜设置凸起路标。

9.2 防护设施

9.2.1 地下车库联络道防护设施的设计应符合现行国家标准《城市道路交通设施设计规范》GB 50688 的规定。

9.2.2 地下车库联络道的主线分流端部应设置防撞设施。

9.2.3 地下车库联络道出入口敞开段的护栏端部应采取安全性处理措施。

9.3 交通控制及诱导设施

9.3.1 交通信号控制及诱导设施宜设置交通信号灯、车道指示器、可变信息标志、可变限速标志等外场设备。

9.3.2 地下车库联络道内部及周边区域应设置交通诱导系统。

9.3.3 交通信号灯的设置应符合下列规定：

1 在地下车库联络道入口处应设置红、黄、绿组成的交通信号灯，可结合地下车库联络道入口前的防撞门架设置。

2 交通信号灯应显示清晰，尺寸、光学性能等应符合现行国家标准《道路交通信号灯》GB 14887 的规定。

9.3.4 车道指示器的设置应符合下列规定：

1 应设置在地下车库联络道各车道中心线上方，不得侵入道路建筑限界内。

2 在地下车库联络道内车行横洞处应设一组车道指示器。

3 当设置在直线路段时，间距宜为 500 m，曲线路段间距宜适当减少。

4 车道指示器宜由红色叉形灯及绿色箭头灯组成。

5 车道指示器尺寸、光学性能等应符合现行国家标准《道路交通信号灯》GB 14887 的规定，安装位置应位于车道正上方，安装高度应满足地下道路净高要求。

6 双面显示车道指示器不得同时显示绿色箭头灯。

9.3.5 可变信息标志的设置应符合下列规定：

1 可变信息标志应主要显示地下道路交通状态等交通信息和管理信息。

2 可变信息标准宜设置在进入地下道路前或地下道路内分流匝道出口前。

3 可变信息标志显示内容应简洁，文字的字体、字高、间距等应保证视认性。

4 可变信息标志的颜色应符合现行国家标准《城市道路交通设施设计规范》GB 50688 的规定。

9.4 车库诱导设施

9.4.1 地下车库联络道宜设置停车库诱导系统,宜采用分级诱导,设置两级车位诱导系统,预告空车位泊位数。

9.4.2 进入地下入口前宜设置一级诱导,提前预告地块车库的车位数;在进入地块入口前宜设置二级车位诱导。

9.5 地下位置服务设施

9.5.1 地下车库联络道宜设置车行位置服务设施,构建地下定位与导航系统。

9.5.2 地下车库联络道车行定位设施应满足设计运行速度环境下车辆的实时位置定位、出入口预告、路径引导等需求。

9.6 出入口管控设施

9.6.1 地下车库联络道入洞口前,宜设置洞口控制系统,布设闸机、声光报警设备、信息发布设备等。闸机应具备车辆防砸等碰撞保护功能。

9.6.2 地块进入地下车库联络道的入口处应设置入口控制系统;控制系统可与地块闸机结合使用。

9.6.3 交通量较大时,匝道、地块等与地下车库联络道的入口合流处还应设置入口控制等交通控制设施,实现与主线的交替通行。

9.6.4 有限高要求的地下车库联络道应设置超限车辆预警系统,与入口可变信息标志、警告标志以及门架式限高设施配合使用。

9.6.5 与其他地下道路连接时,出口匝道处应设置闸机、可变情报板等限行诱导设施。

10 兼顾人民防空

10.1 一般规定

10.1.1 地下车库联络道宜兼顾人民防空需要,采取必要的防护措施和平战转换技术,达到兼顾设防标准。

10.1.2 防常规武器抗力级别和防核武器抗力级别一般不低于6级,可不考虑生化武器防护。地下车库联络道可按一个防护单元设计,防护单元内不划分抗爆单元(地下车库联络道多层设置时,上、下层可按一个防护单元考虑)。战时用途可作为人防汽车库、应急连通道。

10.1.3 兼顾设防的地下车库联络道在分期建设时,应考虑工程整体接入的要求,做好预留。

10.1.4 兼顾设防标识系统应符合现行上海市地方指导性技术文件《上海市民防工程标识系统技术标准》DB 31MF/Z 002 的规定。

10.1.5 兼顾设防工程建筑面积应等于防护区建筑面积。

10.2 建 筑

10.2.1 兼顾设防的地下车库联络道出入口和各连接口均应设1道防护密闭门,门外有顶盖通道长度不得小于 15 m。

10.2.2 每个防护单元不应少于 2 个出入口(不包括竖井式出入口、防护单元之间的连通口),其中至少有 1 个室外汽车出入口作为战时主要出入口,室外出入口应位于地面建筑的倒塌范围之外。另至少设置 1 个至地面疏散通道的人员出入口。

10.2.3 地下车库联络道（无防化）与非人防区域连通时，应安装1道防护密闭门，防护密闭门应开向不设防区域。

10.2.4 地下车库联络道（无防化）与无防化要求的人防工程连通时，应选用以下方式：

　　1 抗力等级一致时，应采用1道双向受力防护密闭门或2道防护密闭门。

　　2 抗力等级不一致时，可选用以下方式：

　　　　1）连通处人防门可采用1道双向受力防护密闭门，其抗力等级应满足高抗力级别。

　　　　2）当采用"一框二门"的形式时，高抗力防护密闭门设在低抗力级别防护单元一侧，低抗力防护密闭门设在应高抗力级别防护单元一侧。

　　　　3）当连通处设置防火分隔间时，可在其两端设置防护密闭门（按不同防护等级要求，门开向防火分隔间）；同时连通处（防火分隔间）应满足结构抗力级别要求。

10.2.5 地下车库联络道（无防化）与有防化要求人防工程连通时，应采用以下方式：

　　1 与防化等级为丙级及以下人防工程连通时，应设密闭通道，密闭通道两端各设1道防护密闭门（高抗力防护密闭门设在低抗力级别防护单元一侧，低抗力防护密闭门设在高抗力级别防护单元一侧）。

　　2 与防化等级为乙级及以上人防工程连通时，应满足高等级人防相关要求。

10.2.6 人防门门扇开启范围内，不得设置变形缝。

10.2.7 至地面疏散通道的人员出入口应安装1道防护密闭门。

10.2.8 战时主要出入口防护密闭门外应设洗消污水集水坑。

10.2.9 室外出入口设计应采取防雨水、防地表水倒灌措施。

10.2.10 引入工程内的电力和通信电缆、给排水管线以及其他管孔，均应做防护、密闭、防水处理。埋地进出的电缆宜通过防爆波电缆井穿管进入地下车库联络道内部。

10.2.11 地下车库联络道风井应采用 1 道防护密闭门加集气室做法;风井应采用防倒塌、防雨水、防地表水倒灌措施。

10.2.12 兼顾设防工程出入口及连通口等处装修时,应便于人防门平时维护检修(开启至 90°),不得影响防护门启闭。

10.3 结 构

10.3.1 战时荷载作用下结构设计应符合下列规定:

1 结构选型应根据防护要求、平时和战时使用功能、工程地质和水文地质条件以及材料供应和施工条件等因素,综合确定。

2 结构应能承受规定的常规武器爆炸和核武器爆炸动荷载分别一次的作用。

3 结构设计应根据防护要求和受力情况,做到结构各部位的抗力相协调。

4 结构构件不得采用冷轧带肋钢筋、冷拉钢筋等经冷加工处理的钢筋。混凝土中不得添加早强剂。其他材料要求及材料强度综合调整系数应按现行国家标准《人民防空工程设计规范》GB 50225 的规定执行。

5 结构构件在核武器或常规武器爆炸动荷载作用下,动力分析可采用等效静荷载法。

6 结构构件在战时动荷载组合作用下,应验算结构承载力、结构变形、裂缝宽度、地基承载力与地基变形可不验算。

10.3.2 战时荷载作用下的荷载组合应符合下列规定:

1 结构构件应分别按下列 1)和 2)款规定的荷载(效应)组合进行设计,并应取各自最不利的效应组合作为设计依据。

1)平时使用状态的结构设计荷载。

2)战时常规武器爆炸等效静荷载或战时核武器爆炸等效静荷载的较大值与静荷载同时作用。

2 战时使用状况的结构设计荷载,应包括规定的武器一次作用(动荷载)及土压力、水压力、结构自重、战时物资堆放荷载、战时不拆迁的固定设备自重等静荷载。

10.3.3 战时等效静荷载取值应符合下列规定:

1 地下车库联络道主出入口防护密闭门及门框墙、临空墙上的等效静荷载应按直通式口部且防护密闭门至敞开段距离大于 15 m 的情况确定。防护密闭门以外有顶板的结构,应不计由空气冲击波产生的内压作用,只计入作用与结构外部的动、静荷载值;敞开段结构可不考虑武器爆炸动荷载的作用;竖井结构按由土中压缩波产生的法向均布动载及水、土压力作用进行设计,不计由空气冲击波产生的内压作用。

2 防护密闭门以内的结构,应按一般人民防空地下室主体结构确定武器爆炸等效静荷载。

10.3.4 战时荷载作用下的材料强度设计值、承载力验算、结构构件的截面验算及构造措施均应符合现行国家标准《人民防空工程设计规范》GB 50225 的规定。

10.4 通 风

10.4.1 地下车库联络道战时应按清洁通风和隔绝式防护两种方式设计。

10.4.2 战时清洁通风宜利用平时正常交通工况下的通风系统。隔绝式防护时应关闭车道、人员出入口处防护密闭门以及所有通风空调设备。

10.4.3 平时空调供回水管穿越防护区围护结构时,应在穿越处设置防护密闭套管,并在围护结构内侧设置公称压力不小于1.0 MPa 的铜芯闸阀。

10.4.4 通风管道、空调制冷剂管道以及冷凝水管道不应穿越防护区围护结构。

10.5 电 气

10.5.1 地下车库联络道各防护单元应预留战时电源接入开关。战时电源与平时电源战时手动转换。

10.5.2 地下车库联络道战时人防用电应按防护单元自成系统。战时电源配电回路的电缆穿过其他防护单元或非防护区时,在穿过的其他防护单元或非防护区内,应采取与受电端防护单元等级相一致的防护措施。区域电源埋地接入人防工程时,应通过防爆波电缆井引入。

10.5.3 人防内外灯具不得共用电源回路,应分开单独供电。

10.5.4 进、出地下车库联络道的动力、照明线路,应采用电缆或护套线。穿过人防围护结构的各种电缆(包括动力、照明、通信、网络等)管线和预留备用管,应进行防护密闭或密闭处理,应选用管壁厚度不小于 2.5 mm 的热镀锌钢管。各对外的防护密闭门门框墙、密闭门门框墙上均应预埋 4 根～6 根备用管,备用管应采用管径为 80 mm～100 mm、管壁厚度不小于 2.5 mm 的热镀锌钢管,并应符合防护密闭要求。

10.6 给排水

10.6.1 地下车库联络道兼顾设防应采用城市市政给水管网供水。

10.6.2 战时人员饮用水水量应按每人每天 3 L、贮水量 3 d 设置,并可采用桶装水存放在适当位置。

10.6.3 战时宜在地下车库联络道两端各设置生活、机械用水的贮水箱(不得作为人员生活饮用水),平时预留贮水箱安装及供水接管位置。贮水箱容积应按表 10.6.3 确定。

表 10.6.3　战时贮存生活、机械用水量

用途	地下车库联络道封闭段长度 L(m)			
	一类	二类	三类	四类
通行机动车	$L>3\,000$	$1\,500<L\leqslant3\,000$	$500<L\leqslant1\,500$	$L\leqslant500$
贮水量(m^3)	12	8	6	6

10.6.4　在地下车库联络道汽车出入口的防护密闭门外侧宜设置 DN25 洗消给水管,末端距地坪 1.0 m 高,平时设管堵,战时改设洗消龙头,应由城市市政给水管网供水。

10.6.5　兼顾人防工程内部的污废水平时宜采用机械排出。

10.6.6　防护密闭门外应设洗消污水集水坑,战后应由专业队员抽排。

10.6.7　穿越防护密闭墙(板)的管道应采用金属管道,给水管可采用钢塑复合管或热镀锌钢管,排水管可采用热镀锌钢管或其他经过可靠防腐处理的钢管;在结构底板中及板下敷设的给水管道应采用钢塑复合管或热镀锌钢管,排水管道应采用机制排水铸铁管或热镀锌钢管;防护阀门后的管道可采用其他符合现行规范及产品标准要求的管材。

10.6.8　穿越地下车库联络道防护密闭墙(板)的给水管、雨水管、污水管、再生水管和热力系统管道等应采取防护密闭措施,并应符合现行国家标准《人民防空地下室设计规范》GB 50038 的规定。

10.7　平战功能转换

10.7.1　平战功能转换设计应做到平战功能结合;无法结合的,应遵循安全可靠、就地取材、加工和安装快速简便原则,满足临战时不使用大型机械实现平战功能转换的要求。兼顾设防工程平战功能转换设计应与工程设计同步完成。

10.7.2 战时车道出入口、人员出入口及风道设置的防护密闭门、密闭门、防护密闭盖板及相应的人防外墙、门框墙、临空墙、密闭墙、单元间隔墙等钢筋混凝土结构均应与主体结构同步完成；除分期建设外，不得实施预留设计和二次施工。

10.7.3 战时封堵部位应在土建工程施工时做好孔框，预埋铁件；外墙、临空墙以及门框墙上的各种穿墙管在主体施工时应准确到位。

10.7.4 结构构件和仅供平时使用的固定设备、设施不得影响民防工程防护设备设施安装、使用和维护管理以及临战转换措施实施。

10.7.5 地下车库联络道兼顾设防工程在地下室顶板上设置自然通风采光口等孔口时，其净宽不宜大于3.0m，净长不宜大于6.0m，且在一个防护单元中合计不宜超过2个。临战可采用防护密闭盖板（预制钢梁）水平封堵，同时应满足战时抗力、密闭等防护要求。

10.7.6 临战封堵、穿墙管孔的防护密闭处理和防护设备的平战功能转换应在3d转换时限内完成。专供平时使用的管道，当需穿过兼顾人防工程围护结构、临空墙、防护密闭墙时，应具备在2h内可靠关闭或临时截止的措施。战时利用该措施关闭阀门进行截断，或拆下法兰短管，换成钢板堵头封堵进行封堵。

10.7.7 兼顾人防工程的平战功能转换除应符合本标准的规定外，还应符合国家、行业和本市现行平战功能转换技术标准的要求。

本标准用词说明

1 为便于在执行本标准条文时区别对待,对要求严格程度不同的用词说明如下:

1)表示很严格,非这样做不可的用词:
正面词采用"必须";
反面词采用"严禁"。

2)表示严格,在正常情况下均应这样做的用词:
正面词采用"应";
反面词采用"不应"或"不得"。

3)表示允许稍有选择,在条件许可时首先应这样做的用词:
正面词采用"宜";
反面词采用"不宜"。

4)表示有选择,在一定条件下可以这样做的用词,采用"可"。

2 本标准中指明应按其他有关标准、规范执行的写法为"应符合……的规定"或"应按……执行"。

引用标准名录

1 《城市地下道路设计规范》CJJ 221

2 《城市道路工程设计规范》CJJ 37

3 《城市道路路线设计规范》CJJ 193

4 《道路隧道设计标准》DG/TJ 08—2033

5 《道路交通标志和标线 第3部分:道路交通标线》
  GB 5768.3

6 《城市道路交通标志和标线设置规范》GB 51038

7 《道路交通信号灯》GB 14887

8 《城市道路交通设施设计规范》GB 50688

9 《建筑结构荷载规范》GB 50009

10 《城市桥梁设计规范》CJJ 11

11 《公路桥涵设计通用规范》JTG D60

12 《建筑抗震设计规程》DGJ 08—9

13 《基坑工程技术标准》DG/TJ 08—61

14 《轨道交通及隧道工程混凝土结构耐久性设计施工技术
   规范》DG/TJ 08—2128

15 《建筑设计防火规范》GB 50016

16 《建筑防火通用规范》GB 55037

17 《建筑防烟排烟系统技术标准》GB 51251

18 《LED城市道路照明应用技术要求》GB/T 31832

19 《火灾自动报警系统设计规范》GB 50116

20 《安全防范视频监控联网系统信息传输、交换、控制技术
   要求》GB/T 28181

21 《消防应急照明和疏散指示系统技术标准》GB 51309

22 《人民防空工程设计规范》GB 50225

23 《人民防空地下室设计规范》GB 50038

上海市工程建设规范

地下车库联络道设计标准

DG/TJ 08—2441—2024
J 17503—2024

条 文 说 明

2024　上海

目　次

Contents

1 总 则

1.0.2 区域大规模开发,往往通过建设地下车行系统,缓解地面到发的拥堵及实现车位共享。为了联系各个地块地下车库,早期的做法是通过车行通道做简单的连接,车行通道按照车库标准设计。随着地下空间互联互通规模进一步增加后,地下车行系统出现以低等级城市道路标准设计的模式,多服务于小汽车,设计车速较低,有独立出入口。近年来通车及在建的地下车行系统的诸多工程,根据开发模式、建设条件,分别采用了地下车库或城市交通隧道两种标准,见表1。

表 1 地下车行系统建设标准比较

比较项	采用车库标准	采用城市交通隧道标准
依据规范	行业标准《车库建筑设计规范》JGJ 100;国家标准《汽车库、修车库、停车场设计防火规范》GB 50067	行业标准《城市地下道路设计规范》CJJ 221;地方标准《道路隧道设计标准》DG/TJ 08—2033;《城市地下联系隧道防火设计规范》DB11/T 1246;《雄安新区地下空间消防安全技术标准》DB13(J) 8330;《城市地下环路设计标准》DB32/T 4500
开发模式	区域地下空间整体开发项目	地块分别出让、地下车库独立项目
规划选址	主线规划可位于市政道路或地块内;出入口匝道可位于地面道路或地块内	主线规划可位于市政道路与地块内;出入口匝道在地面道路红线内
出入口	出入口与地块出入口统一计算,地块的地下车库出入口数量核减	出入口单独计算,地块的地下车库出入口数量各自计算
设备设施	设计标准采用车库标准,设备设施可独立设计,也可与地下车库统一设计	设计标准采用城市交通隧道的标准,设备设施必须独立

比较项	采用车库标准	采用城市交通隧道标准
管理界面	管理权限归属于车库物业,不单独管理,事故处理按照车库处理	管理权限一般属于独立管理单位,事故处理按照地下道路处理
工程案例	上海西岸传媒港地下快速路、苏州中心地下环路	重庆解放碑环路、南宁五象新城环路、无锡锡东高铁新城环路、广州金融城翠岛及方城环路、武汉王家墩商务区环路、济南汉屿金谷环路、杭州未来科技城地下环路

根据以上对比,鉴于地下车库标准较为完善、应用广泛,采用此标准建设的地下车行系统不需要另外编制标准;而采用城市交通隧道标准的地下车行系统,目前针对性规范较少,故而进行本标准的编制。国内相关规范对其定义有文字的差别,但含义基本一致。主要有:

1)行业标准《城市地下空间利用基本术语标准》JGJ/T 335—2014,第 3.1.10 条:地下车库联络道 underground parking link 用于连接各地块地下车库而修筑的,位于地表下方并直接与城市道路相衔接的地下车行道路。

2)行业标准《城市地下道路设计规范》CJJ 221—2015,第 2.1.2 条:地下车库联络道 underground parking link 用于连接各地块地下车库并直接与城市地下道路相衔接的地下车行道路。本标准采用此定义。

3)北京市地方标准《城市地下联系隧道防火设计规范》DB11/T 1246—2015,第 2.0.1 条:城市地下联系隧道 city road underground linked tunnel 设置于城市地面以下,联系地面道路与地下停车设施的道路交通。

4)河北省地方标准《雄安新区地下空间消防安全技术标准》DB13(J) 8330—2019,第 2.0.4 条:地下车行联络道 underground vehicle connecting road 设置在地下,用于连接各地块地下停车设施并直接与城市道路相衔接的地下车行道路。

车库之间两两连接的连接通道，或者单个地下车库与地面道路直接衔接的连接通道，不具备城市道路的公共性，因此建议按照车库标准设计。

1.0.3 地下车库联络道工程是区域地下空间的重要组成部分，呈现以下特点：

1,2 地下车库联络道作为支路级地下道路，与地面道路网共同组成区域立体路网，同时与地下停车空间互联互通，需要在规划阶段与区域交通、区域开发，特别是地下空间规划相协调，以便合理定位交通功能、合理布局。

3,4 与周边地下空间衔接、交叉和共建。工程可以在道路红线内独立建设，也可与周边开发地块邻建、合建。建设模式对其总体设计、结构设计、消防设计等有较大的影响。地下车库联络道还可能和市政综合管廊、物流通道，与地下步行设施合建。

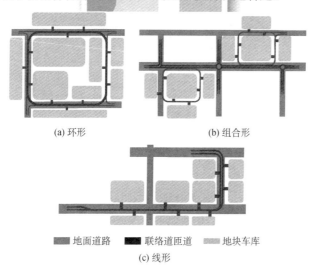

(a) 环形　　　　　　　　(b) 组合形

■ 地面道路　■ 联络道匝道　■ 地块车库

(c) 线形

图1　地下车库联络道形式

5 地下车库联络道以多种多样的形式连接周边的开发,常见的有环形、线形、组合形等形式(图 1)。建设模式也是有多种方式(图 2),在市政道路下单建,可以先于周边开发;可以与周边开发同步合建或邻建。地下车库联络道必须考虑自身分期建设,以及其周边开发因不同建设时序所带来的衔接界面问题。

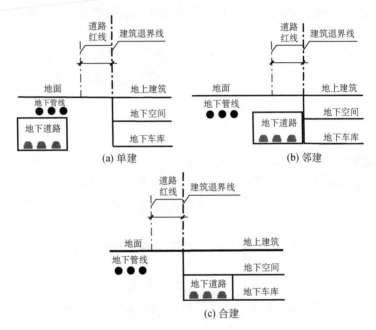

(a) 单建

(b) 邻建

(c) 合建

图 2 地下车库联络道建设模式

3 总体设计

3.1 一般要求

3.1.1 地下车库联络道为地下车行道路,服务区域的车库到发,不通行危险品车辆,通过地下道路网建设将地面空间让与行人和非机动车、公交等,因此本身也不为行人和非机动车服务。

3.1.2 地下车库联络道主要应用于区域开发和老城区更新,通过连接周边地块的地下小客车停车库,实现车库资源共享、净化地面交通等功能。已建、在建的项目服务对象以小客车为主,少数项目兼顾小型货运车辆通行。为实现地面无车化的目标,个别工程以地下车库联络道替代地面支路网(广州金融城核心地区,地下支路网通行大小客运车、货运车,地面道路仅供应急救援车辆使用),但因规模大、火灾风险大,其与周边地下空间衔接、防灾减灾设计的难度也相应增加。

3.1.3 地下车库联络道在连接地面道路和车库时,地面道路设计车速一般为 30 km/h~40 km/h(次干路、支路设计车速标准),而地下车库内部限速一般为 5 km/h,因此,地下车库联络道的设计速度应介于上述二者之间。

由于地下车库联络道上接入车库的出入口较多,过高运行速度会带来较大的行车安全隐患。此外,在具体布置连接地下车库的车行通道时,通常需要在有限区域空间内将各地块车库串联起来,设计速度过大会造成道路线形展线困难,难以满足工程建设需求。综合考虑行车安全和工程建设可行性等多方面因素,本标准将地下车库联络道的设计速度规定为 20 km/h。我国北京金融街、无锡锡东新城高铁商务区以及武汉王家墩商务区等地下车库联络道设计速度均为 20 km/h。

3.1.4 国际国内城市地下道路的通用性规范,通常采用按长度分类的方法宏观上区分不同的工程;专业性规范则根据按长度、交通量和服务车辆类型对不同需求、不同风险的工程进行区分,并配置对应的交通工程、安全设施,以确保行车通畅、运营安全。各个规范存在不统一的情况,现将国内已建在建的工程按照标准进行分类,具体如下:

1)行业标准《城市地下道路设计规范》CJJ 221—2015 第 3.1.3 条,分为四类(表2)。

表2　城市地下道路长度分类

分类	特长距离地下道路	长距离地下道路	中等距离地下道路	短距离地下道路
长度 L(m)	$L>3\,000$	$15\,00{\geqslant}L>1\,000$	$1\,000{\geqslant}L>500$	$L{\leqslant}500$

注:L 为主线封闭段的长度。

2)上海市工程建设规范《道路隧道设计标准》DG/TJ 08—2033—2017 第4.2.7条,分为五个等级。工程主要集中在三级范围(图3)。

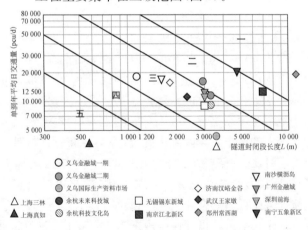

图3　工程分级

3）国家标准《建筑设计防火规范》GB 50016—2014 第 12.1.2 条,分为四类(表 3)。

表 3 单孔和双孔隧道分类

用途	一类	二类	三类	四类
	隧道封闭段长度 L(m)			
可通行危险化学品等机动车	$L>1\,500$	$500<L\leqslant1\,500$	$L\leqslant500$	—
仅限通行非危险化学品等机动车	$L>3\,000$	$1\,500<L\leqslant3\,000$	$500<L\leqslant1\,500$	$L\leqslant500$

4）北京市地方标准《城市地下联系隧道防火设计规范》DB11/T 1246—2015 第 3.0.1 条,分为四类(表 4)。由于封闭段按总长度计算,所有工程主要集中一类范围。

表 4 隧道分类

用途	隧道封闭段长度 L(m)				
	一类	二类	三类		四类
			I类	II类	
仅限通行非危险化学品等机动车	$L>3\,000$	$1\,500<L\leqslant3\,000$	$1\,000<L\leqslant1\,500$	$500<L\leqslant1\,000$	$L\leqslant500$

注:隧道长度为主隧道、隧道匝道、车库联络道封闭段之和。

地下车库联络道作为城市地下道路,本条的分类主要参考了上海市工程建设规范《道路隧道设计标准》DG/TJ 08—2033—2017 的基于事故风险分级方法,事故风险与行车长度、交通量成正比。由于地下车库联络道的服务规模区间比较集中,交通量最大在 20 000 pcu/d 左右,并且各个工程差异不大,参见图 3。因此长度指标可以较为便捷地反映风险等级。由于地下车库联络道需要平衡经济性和交通效率,规模需要控制在合理的区间内,因此以工程总长计算的话,各个工程差异也不大,参见图 4。本条考

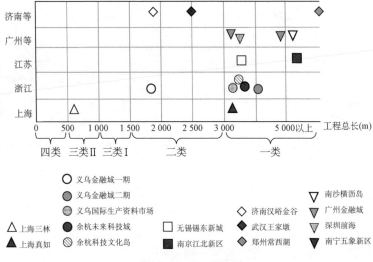

图 4　工程防火分类

虑地下车库联络道多点进出为地下疏散救援带来了便利,以主线行驶长度为划分标准,采用实际车辆单方向行驶的最长度进行分类,进一步细分风险等级,参见图 5。这一封闭段的计算方式运用于杭州未来科技城环路、无锡锡东新城高铁新区地下环路、武汉王家墩地下环路等工程,总体运行平稳。

线形地下车库联络道按单方向行驶最长暗埋段设计封闭段长度。

环形地下车库联络道按环线暗埋段长度与 2 倍最长匝道暗埋段长度的和计封闭段长度。

3.1.5 表 3.1.5 参考了上海地方标准《道路隧道设计标准》DG/TJ 08—2033—2017 第 4.2.8 条。根据工程建设运营实际情况做了一定针对性规定:1)作为支路级地下道路,对风环境监测作了简化;2)鉴于管理主体多样性,在确保安全的条件下,为需要密集养护的设施提供了多种选择方式;3)明确防淹的设备配置,增加了工程防灾韧性;4)交通控制方面增加智慧化、一体化监控的技

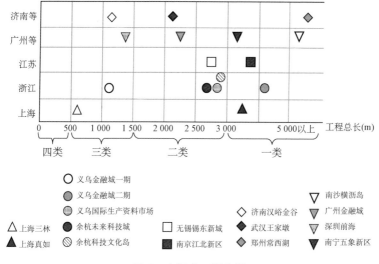

图 5　本标准工程分类

术措施,满足地下交通设施的互联互通的运管要求。

3.2　总体设计要求

3.2.1　建设规模确定是工程建设的重要前提,直接影响工程实施可行性、经济性以及后期运维经济成本。需要根据片区开发规模,科学预测区域交通总量,合理确定联通道分担地上的交通流量,以此确定联络道车道的车道数量;联通重要地块车库,对联通道选线进行合理比选,确定合理的联络道形式以及通道长度,实现功能与规模的优化和平衡,做到地下空间资源的节约化开发利用。

3.2.3　为了最大限度地减小事故交通影响,避免火灾、水灾等灾害的扩散,对大规模互联互通的地下车库联络道、城市地下道路及地下车库,作出明晰的建设、日常管养和应急的界面划分。实际工程中,互联互通的交通设施有可能权属是统一的,也有可能是各自独立的,本条建议交通控制、安全运营相关的设备、防灾系统独立设计,同时交通引导系统统一,交通、防灾信息互通。

3.2.4 在合建、邻建工程中,地下车库联络道常常与周边地下空间的结构是一体的。在二者之间设置土建分隔,是为了方便进一步形成防火分隔,以及避免发生事故时直接影响地下空间的正常使用。

3.2.5 地下车库联络道工程的分期建设有多种情况,例如主体分段建设,土建与机电分期建设,或者与其他地下设施的衔接口陆续建设。在分期建设的情况下应做好道路线形、标高、结构空间、结构防水、建筑装饰面等土建方面的衔接。而机电设计适合在统一的原则指导下设计。其中,排水分区的问题容易被忽略,因此本条作了强调。

4 道路设计

4.1 一般规定

4.1.2、4.1.4 地下车库联络道主要服务小客车,低净空的地下道路能够满足绝大部分车辆的通行需求。通过广泛调研各汽车厂商提供的车辆基本外廓尺寸,统计数据表明,除特殊改装类型的车辆外,小型车高度基本在 1.8 m 以下,部分 SUV 以及一些高级轿车高度在 1.8 m～2.0 m,总体都在 3.0 m 以下,不含云梯的消防车辆高度也基本在 3.0 m 以下,救护车和警车高度最高也不超过 3.0 m。因此,综合考虑以 3.0 m 作为车辆限高值。由于地下道路结构内部空间相对固定,不受雨雪等外部气候条件影响,在 3.0 m 基础上主要考虑车辆竖向运动,增加 0.2 m,最终将小客车专用地下道路的设计净高最小值规定为 3.2 m,能够保证小客车和应急救援车辆的通行。

4.1.3 本条规定是为了确保道路使用者安全,车辆能够在道路上安全、畅通行驶;行人能够安全通行,不受干扰。同时也是为保证地下道路结构、附属设施设备及交通工程设施等安全。

4.2 线形设计

4.2.1 地下工程建设经济成本高、受地形以及现有地下设施影响制约因素多、施工条件复杂,横断面对工程建设成本和可实施性具有重要影响。上海市政工程设计研究总院(集团)有限公司联合同济大学开展的"小客车专用城市地下道路横断面技术标准研究",分别采用理论计算结合实测试验对以小客车为服务对象的城市地下道路车道宽度进行了详细研究。在试验时,采用实测轨迹方法,对上海市人民路隧道、新建路隧道以及外滩通道等多条城市地下道路的车辆运动轨迹进行了研究,以设计车身宽度与横向偏移值之和作为最小车道宽度的依据,研究了车速小于或等于 60 km/h 车辆的横向偏移值及车道最小有效宽度取值,结果表明有效宽度值都小于 3 m,在此基础上考虑一定的安全余量、驾驶人行车舒适性等因素,因此将服务中小型地下道路的设计速度小于等于 60 km/h 的最小车道宽度取值为 3 m,这样可以有效地节省地下空间资源。因此,对于地下车库联络道设计速度为 20 km/h,当在地形地质条件复杂、中心城地区地下障碍物制约因素多情况下,条件受限时,可适当降低车道宽度,但不应小于本标准规定值。

4.2.6 近年来,极端天气频繁出现,地道受淹时有发生,甚至造成人员伤亡、财产损失。在接地点处设置驼峰等措施,是避免地面积水汇入、保证联络道运营安全的重要手段。300 mm 的驼峰高度,仅为最低标准,若联络道洞口处于地势低洼点或者地面排水条件不理想,应适当提高该标准。如果联络道直接连接高架桥,应在接地点上方设置横截沟,将高架桥面雨水引入地面排水系统。

4.2.8 地下车库联络道空间封闭,侧墙和顶部对驾驶人的行车视线影响较大,同时平纵组合效应对视线的影响比地面道路更强烈,因此,地下车库联络道设计应注重平纵横组合效应对行车视线的影响,保证足够的行车视距,线形流畅,能够自然诱导驾驶人视线。

4.3 出入口

4.3.1 地下车库联络道应在有地块接入侧设置辅助车道,当两侧均有接入地块时,宜采用"主线车道＋两侧辅助车道"布置形式;仅有单侧接入地块,宜采用"主线车道+单侧辅助车道"布置形式。

地下车库联络道内部设置出入口与周边地块地下车库连接,与一般的快速路出入口形式具有一定差别,同时地下车库联络道主线设计速度低,因此在控制出入口间距时,不适合采用常用地下道路的出入口间距计算模型。本标准在此借鉴了美国道路接入管理技术,将其按交叉口的接入控制来处理。对于无信号接入口间距研究,国内外相关文献考虑的因素主要包括停车视距、冲突重叠区、引道视距、安全交叉间距、接入道路的出口道通行能力、驾驶人视觉特征等。接入间距越大,接入道路越少,则安全性及运营效率越高。

本标准从满足接入口停车视距要求、满足对接入口的识别视距要求、满足警告标志设置距离要求、分离右转冲突重叠区域及满足接入道路出口道的通行能力要求五个方面考虑接入间距,基于取最大值以及取整原则,结合现有研究成果,综合确定设计速度 20 km/h,接入口安全间距标准,见表 5。

表 5　接入口最小间距

控制要素	最小间距(m)
满足接入口停车视距要求	20
满足接入口识别视距要求	20
满足交通标志设置距离要求	31
分离右转冲突重叠区域	30
满足接入道路出口道的通行能力要求	22
接入间距推荐值	30

4.3.5　对于地下车库联络道接地后,与前方交叉口尤其是信号控制交叉口的距离仍需要考虑排队和交织长度的要求,从对交叉口的交通影响来看,地下车库联络道接地与高架匝道接地类似,差异不大。因此,对于地下车库联络道接地点与地面道路的交叉

口距离可参考快速路标准的规定。

对于重要交叉口,宜进行专项的交通组织设计,评价地下道路出入口接入交叉口时对交叉口的通行能力影响,优化布置接入点。

5 建筑设计

5.0.1 采用横向排烟模式的地下车库联络道,需要在标准横断面上部设置排烟道,排烟道设置在车行道的上方,便于烟气进入风道并排出。但工程中为了减少开挖深度或在顶部空间受限情况下,如遇河流、道路管线、地下障碍物、其他地下构筑物等,需要将排风道设置在断面侧方,减小对其他设施的影响。

5.0.3 地下车库联络道所在的区域,对环境有较高的要求,往往不适合在地面设置高排风亭,实际工程中多设置敞开式的自然通风口或采光口。敞开口需要防止抛物和人员跌落,因此应设置防坠、防抛网。下雨时,敞开口会对下部的车道和用房造成影响,应设置合理的排水措施,详见本标准第8.7节的相关要求。

5.0.5 地面匝道的引道段因设计类型多样,形式各有不同,因此地面护栏的高度不应低于1.10 m。根据国家标准《民用建筑通用规范》GB 55031—2022 第6.6.1条的要求,护栏外侧底部如有地面路缘石或绿化可踏面时,当宽度大于或等于0.22 m,且高度不大于0.45 m时,护栏的高度应按可踏部位顶面至扶手顶面的垂直高度计算。

5.0.7 运营管理中心规模可根据运营单位的实际要求以及用地情况进行调整,相关案例分析见表6。

表6 管理中心运营案例分析

工程名称	工程规模	用地情况	功能	面积(m^2)
余杭未来科技城地下车库联络道	约2.0 km,单向三车道	公共绿地,结合地下车库设置,位于地下一层	变电所、运管中心、养护办公	800

续表6

工程名称	工程规模	用地情况	功能	面积(m^2)
无锡锡东新城商务区地下车库联络道	约3.1 km，单向三车道，局部两车道	专用地块，地面二层	变电所、消防泵房、运管中心、养护办公、值班室、档案室、交警用房等(兼大成路隧道管理中心)	1 800
南宁五象新区地下车库联络道	约3.3 km，单向三车道	结合周边用房设置，地面二层	运管中心及配套设施用房	200
义乌金融区地下车库联络道	约2.0 km，单向三车道	结合公共地下空间开发	运管中心、办公室、会议室	650

6 结构设计

6.1 一般规定

6.1.2 地下车库联络道服务于周边地块地下空间,可能存在与地下空间同步建设、先于地下空间建设、后于地下空间建设多种情况,故地下车库联络道的结构设计,特别是基坑支护设计,要充分考虑周边地块建设时序,研究确定保证本工程与周边环境安全、经济可行的施工方案与支护方案。

6.1.3、6.1.4 民用建筑的普通房屋与构筑物设计工作年限为50年,标志性建筑和特别重要的建筑设计工作年限为100年,地下车库联络道为周边建筑服务,设计工作年限不应低于周边建筑标准。考虑到地下车库联络道结构建设投资大、改建重建难度高,参照上海市工程建设规范《道路隧道设计标准》DG/TJ 08—2033—2017,确定除与地块地下室合建情况外,地下车库联络道主体结构设计工作年限为100年、安全等级为一级。

6.5 防水及耐久性设计

6.5.3 地下工程采用防水混凝土结构的自防水效果尚好,而变形缝位置的渗漏水现象较为普遍,因此应加强变形缝位置的防水措施。其防水措施及构造要求已经比较成熟,可参见国家标准《建筑与市政工程防水通用规范》GB 55030—2022、《地下工程防水技术规范》GB 50108—2008 和国家建筑标准设计图集《地下建筑防水构造》10J301。地下环路与地下空间衔接且分期实施时,先期实施部分应预留接口处变形缝的防水构造并做好保护措施。

6.6 结构抗震

6.6.1 国家标准《建筑工程抗震设防分类标准》GB 50223—2008 规定,"地震时使用功能不能中断或需尽快恢复的生命线相关建筑,以及地震进可能导致大量人员伤亡等重大灾害后果,需要提高设防标准的建筑"设防类别为重点设防类。城市快速路、主干路、次干路对于抢险救灾意义重大,且沿线分布有城市生活相关的重要管线,一旦道路下方的车库联络道结构发生破坏,直接影响至道路交通与重要管线的安全,且其在破坏情况下修复条件差,因此位于此类道路下方的车库联络道应提高其设防标准。

7 机电设计

7.1 通 风

7.1.5 随着汽车尾气排放标准的不断提高,以及电动车占比的上升,同时考虑地下车库联络道车流量相对较低,本条相比行业标准《城市地下道路工程设计规范》CJJ 221—2015适当提高了标准。

7.2 给排水

7.2.4 地下车库联络道的排水泵房排水能力有限,一旦地面雨水汇入,会造成不可估量的人员、财产损失。因此,驼峰或横截沟必须与挡水设施形成闭合的区域,使地下车库联络道雨水泵房的汇水面积可控,防止地面雨水进入。

7.3 供电与照明

7.3.3 地下车库联络道属于地下道路的一种形式,因此其照明设计方法也与地下道路照明设计方法类似。同时地下车库联络道的车速较低,可按国家标准《LED城市道路照明应用技术要求》GB/T 31832—2015中规定的次干路亮度标准进行设计。

7.3.5 近年来全国各地降雨强度普遍增大,地下车库联络道的水泵控制设备一旦被淹会导致水泵无法正常工作,造成重大人身和财产损失。因此,水泵控制柜的安装应尽量高于泵房地坪,并采取有效的防淹措施,可参见本标准第8.7.5条的条文说明。

7.4　弱电系统

7.4.2　因地下车库联络道以及附属设备用房内的环境普遍较民用建筑更为恶劣,故明确其防护等级。

7.4.3　一类地下车库联络道距离较长,应根据救援的要求设置分控室,建议考虑与应急救援站结合设置。

7.4.4　中央控制管理系统设计要求:

2　大屏幕上应能根据管理需求进行分区显示,一般需要能够以 GIS 地图展示地下车库联络道的整体情况,各种设备的分布位置以及工作状态应能在其上面显示和控制,点击摄像机能够自动弹出实时监视画面。

3　目前越来越多的项目均设计有集成平台,但实际功能差异较大,应根据管理的具体需求、项目的规模以及总投资额的大小来综合考虑。

4　近年来,网络安全工作在各个层面得到高度重视,因此本条对城市地下道路弱电系统的网络安全加固工作提出了要求。

7.4.5　交通监控系统设计要求:

1　位置服务系统可以根据地下车库联络道的长度以及交通复杂程度决定是否需要设置;入口管控系统可以根据具体的运营管理要求设置。

2　目前视频、雷达等信息采集技术已较为成熟,在各类项目的应用案例也非常多,且能检测排队长度信息,对于后台交通分析带来更多有力的数据支撑。

7.4.8　广播系统设计要求:

3　扬声器的设置方案应满足国家标准《公共广播系统工程技术标准》GB/T 50526—2021 及《火灾自动报警系统设计规范》GB 50116—2013 中对于扬声器的外壳以及声压级等要求。

7.4.12　电源系统设计要求:

2 广播系统和紧急电话系统由于兼作消防广播和消防电话系统使用,因此其后备时间应按照火灾报警系统的要求执行,其UPS宜单独考虑。

7.4.14 管线敷设要求:

3 根据国家标准《民用建筑电气设计标准》GB 51348—2019 的规定,增加了对于非消防系统线缆的燃烧性能、产烟毒性、燃烧滴落物/微粒等级的要求。

8 防灾设计

8.1 一般规定

8.1.1 地下车库联络道同时与多个地下车库或地下空间连接，有可能通过地下匝道与其他地下道路互联互通，也可能与各类地下空间毗邻，因此需要根据场所功能属性、管理权属的综合情况，明确不同场所之间的防火灾系统界面。

1 通常情况下，一条地下道路的防火灾设计按照同一时间发生一次火灾考虑。多条地下道路的设计按照各自一次火灾考虑。

实际工程中，地下车库联络道可能与其他地下道路互联互通，形成地下道路网，并要求统一进行防火灾设计，即按全网同一时间发生一次火灾设计。此时各个区段的地下道路可能仅仅是其中一个防火分区。互联互通条件下，虽然地下道路规模增加，但是发生火灾事故概率仍然很小。特别是上海地区的地下道路管理经验较为丰富，防火灾设施先进，因此年事故率较低，火灾事故仅占 0～3％。综合以上情况，地下车库联络道与其他地下道路互联互通，本条对各自计算火灾次数不作强求。

2 地下车库联络道与周边毗邻的地下道路、地下空间场所，由于两者之间的消防设施具体的设计要求可能存在着差异，工程能清晰地划分管理界面，因此消防设施应该各自独立。但是事故应急却需要彼此配合，防灾信息互通的要求是最基本的保障。

3 在车库联络道的防灾设计中，需要根据联络道的等级、通行车辆的构成以及车种比例来确定一个合适的车辆火灾热释放率，作为防灾设计的依据。本条取值参考了国内外相关规范。地下车库联络道通行小客车和货车较为常见,如通行其他车辆可按照隧道标准确定火灾规模。

1)行业标准《城市地下道路设计规范》CJJ 221—2015,见表7。

表7 最大火灾热释放率(MW)

车辆类型	小轿车	货车	集装箱车、长途汽车、公共汽车	重型车
火灾热释放率	3~5	10~15	20~30	30~100

2)上海市工程建设规范《道路隧道设计标准》DG/TJ 08—2033—2017,见表8。

表8 最大火灾热释放率(MW)

车辆类型	小轿车	货车	集装箱车、长途汽车、公共汽车	重型车
火灾热释放率	3~5	10~15	20~30	30~100

3)国际道路协会(PIARC)2007,见表9。

表9 Fire and Smoke Control in Road Tunnels

车辆类型	火灾热释放功率(MW)
1 small passenger car(1辆小客车)	2.5
1 large passenger car(1辆大客车)	5
2~3 passenger cars(2~3辆客车)	8
1 van(1辆有篷货车)	15
1 bus(1辆巴士)	10
1 lorry with burning goods(general case) (1辆装有可燃物的货车)(通常情况)	20~30

8.2 建筑防火

8.2.2 地下车库联络道安全疏散的设施是独立的,不向毗邻的其他地下空间疏散。

1 单层地下车库联络道应设置人行疏散楼梯,双层可设置连通上下层的疏散楼梯或直接到地面的疏散楼梯间,连通上下层的疏散楼梯应设置楼梯间防火门,呈封闭的状态,不需要设置防排烟措施。

2 地下车库联络道常位于路中,设置地面出入口是较为困难的。对于地下道路附设的雨废水泵房、通风机房、配电间等无人值班地下用房的疏散问题,向国家标准《建筑防火规范》GB 50016—2014(2018 版)编制组征询后,明确本条的要求。此类设备用房可以向车道孔疏散,或者共用车道的疏散楼梯。

8.2.3 地下车库联络道的车辆疏散通道,既用于车辆疏散,也可用于车行救援。包括:①与地面道路的衔接匝道;②通过地下匝道与其他地下道路连接时,连接口可向其他地下道路疏散。但其他地下道路的车道高度较高,不能向地下车库联络道疏散;③为满足消防疏散要求,增设的专用出地面坡道,应满足地下车库联络道车行疏散标准。在实际工程中,存在地下车库联络道没有地面出入口的情况,例如深圳前海地下环路,两端连接城市主干道地下道路。由于其车辆疏散口不能满足要求,故增设了专用救援车道。本条借鉴了深圳前海地下环路的做法。需要注意的是,地下车库联络道与地下车库之间不互相进行车辆疏散。

8.2.5 地下车库联络道连接了多个地下停车设施,形成了地下空间大规模互联互通,为了避免火灾扩散,减少因不同权属或管理主体防灾应急衔接风险,对人行、车行的连接口部作了更为严格的防火分隔措施。

车行连接口通过设置防火墙和双道防火卷帘的防火分隔间,以达到与人行防火隔间相同的防火分隔效果。防火卷帘由地下车库联络道、相邻地下车库各控一道,是管理权属划分的要求。事故不论是发生在哪一方,在防灾信息互通确认后,都可先行降落己方控制的防火卷帘,避免彼此的影响。

8.2.6 地下车库联络道主体结构应进行被动防火保护可按照道路隧道执行。国家标准《建筑防火通用规范》GB 55037—2022 第2.1.6条要求交通隧道的防火要求根据其工程情况综合确定。本条参照上海市工程建设规范《道路隧道设计标准》DG/TJ 08—2033—2017 的要求,小轿车火灾使用 HC 火灾升温曲线。本标准其他涉及耐火极限的条款,未作特别说明的通常采用的是标准升温曲线。

8.2.7 地下车库联络道内发生火灾时的烟气控制和减小火灾烟气对人的毒性作用是防火灾系统设计面临的主要问题,要严格控制装修材料的燃烧性能及其发烟量,特别是可能产生大量毒性气体的材料。

8.2.8 地下道路应急救援需要运管单位的应急救援人员和外部专业救援人员配合进行。

1 上海地下道路隧道的行业管理提出的应急时间要求是:事故发生后 15 min 内,应急救援人员到达隧道的任一位置。为保证应急救援的时效性,对应急救援站的位置作出了规定,即 2 km 以内的范围,以 40 km/h 的车速在 3 min 中内可以到达。根据规划条件,应急救援站与管理中心可分可合。

3 城市地下道路是重点消防单位,地下车库联络道也属于范围之内。以往工程建设没有对应急救援站的配置予以明确。本款参考地下道路的应急救援点建设情况以及上海市地方标准《专职消防队、微型消防站建设要求》DB31/T 1330—2021 提出相关要求。

8.3　防烟和排烟

8.3.1、8.3.2 设置的排烟设施应综合考虑火灾危险性、地下车库联络道长度、交通量、交通条件等因素,确定其防排烟方式。

8.4　消防给水与灭火

8.4.4　由于地下车库联络道与周边毗邻的地下道路、地下空间场所要求消防设施各自独立,但消防水池占地面积较大,当条件受限无法单独设置时,可与相邻地块合用消防水池,但各自消防系统仍需独立。

8.5　应急照明和疏散指示标志

8.5.2　消防配电线路的敷设是否安全,直接关系消防用电设备在火灾时能否正常运行。因此,本条对消防配电线路的敷设提出了严格要求。

8.5.3　为保证应急照明和疏散指示标志设备的用电可靠,备用电源需满足所有应急照明和疏散指示标志在救援疏散时间内连续可靠供电,并且当主电源断电后,应急备用电源应立即自动投入,保持连续供电。

8.6　火灾自动报警及防灾通信

8.6.1　目前已实施的项目上的火灾报警区域长度往往与自动灭火系统联动所需的分区不对应,从而导致其喷放效果不佳,为了在火灾时能更为精准控制自动灭火系统的联动,以达到更好的灭火效果,火灾报警的区域长度必须满足自动灭火系统联动所需要的最小长度要求,才能实现精准联动控制的要求。

8.6.3　与地块衔接处的防火卷帘功能为防火分隔,因此发生火灾时应一步降落到底。该处有 2 道防火卷帘,当地下车库联络道发生火灾时,联动控制地下车库联络道侧的防火卷帘;当车库发生火灾时,由车库火灾报警系统联动控制车库侧的防火卷帘。

8.6.10 当设置集成平台时,防灾综合管理平台可作为功能模块嵌入集成平台。

8.6.12 根据国家标准《民用建筑电气设计标准》GB 51348—2019增加了对于消防相关系统线缆的燃烧性能、产烟毒性、燃烧滴落物/微粒等级的要求。

8.7 防淹设计

8.7.1～8.7.5 近年来全国各地极端降雨气候频发,地下工程设施受灾严重。总结防淹经验,主要采取四方面的应对措施:

1 总体布置。根据规划区域的地面高程系统、城市水系及雨洪系统,合理设置排水管网和设施地面标高。合理进行地下道路的出入口选址以及附属设施选址,避免在区域低洼地区设置开口。

2 控制"进",即雨水来源。通过布置监测设施设备,建立预警机制,实时检测降雨积水数据,及时关闭地下道路。地下道路的引道口外需要设置驼峰,地下道路的引道侧墙挡墙部分是永久挡水设施,不应低于设防高度。如果无法设置驼峰,应在接地点上方设置横截沟,将地面来水引入市政雨水系统,若处于相对低洼地区,水淹风险较大的位置,可设置临时挡水板、自动挡水门等挡水设施。各类人行出入口台阶、风亭和采光亭的开口高度都应高于设防高度,低洼地区的开口需要另外配置临时挡水板、自动挡水门等挡水设施。各类人行出入口、风亭和采光亭采用敞开口形式时,不仅有水淹的风险,而且对下方的道路行车安全、高潮湿环境的设备设施耐久也有不利的影响。但实际工程中还是常常设置敞开口,因此需要加强敞开口下部的排水处理。例如敞开口下部设置挡水槛、集水井和排水泵,挡水槛高度不小于 150 mm;敞开口下部车道设置较为宽深的边沟或排水槽,就近配置排水泵房,加强相应段排水效果等。

3 控制"出",即提高排水的效率。地下道路合理设置纵坡,确保排水流畅;设置横截沟、纵向排水沟、雨水泵房和废水泵房,形成完整的无盲区排水体系;泵房考虑备用泵。

4 降低"互联"风险。地下道路、地下空间互联互通,原则上各自排水,避免形成扩散性的路径,之间应增加设置截水沟及相应的排水措施。

8.7.2 地下车库联络道一般长度较长,交通组织也较一般隧道更为复杂,一旦发生内涝影响范围会较大。在接地点设置积水自动监测装置是为了监测地面道路的积水情况,一旦发生地面积水可能倒灌进地下车库联络道内时,及时启动应急预案。在地下车库联络道最低点设置摄像机有利于管理人员对于积水情况的二次确认,避免由于传感器检测故障带来的不良影响。

9 交通设施设计

9.1 交通标志和标线

9.1.1 由于地下车库联络道空间相对封闭,传统的反光交通标志在地下道路内部使用时间较长后会因空气油污,而失去反光效果。因此,地下车库联络道宜采用照明式和主动发光式标志,增加交通标志的可识别性。其中,照明式又可分为内部照明式和外部照明式。内部照明式又可分为:一是在内部设置灯泡或灯管,做成灯箱形式,这种标志体积相对笨重,且内部灯管易损坏;二是采用 LED 光源,这种标志一般体薄量轻,在有限的空间内便于悬挂,同时亮度衰减慢,便于长期工作。主动发光式一般是指标志的字体直接发光。但无论采用何种光电标志形式,由于标志本身不能反光,一旦内部电路出现故障,标志功能作用将丧失。因此,地下车库联络道交通标志最好是采用发光与被动反光相结合方式,这样既能有效地保证标志的使用效果,又可以提高标志的可靠性。

9.1.6 地下车库联络道出入口较多,且出入口分为通向地块的出口以及通向市政地面道路的出口。为提高标志指引效率,能够快速引导驾驶人识别是地面出口还是通向地块车库,可以在交通标志版面的色彩进行细化设计。考虑到国标要求对指路标志的色彩一般是蓝色底,可以采取以下措施进行区分:

    1 版面分区,通过设置不同色彩的标志衬边。

    2 通过不同的蓝色色卡标号,适当区分。

9.1.9 为充分发挥地下车库联络道功能,合理引导车道使用地块车库,及时预告地块车库的空车位情况,地下车库联络道内一般都配套设置停车诱导标识系统,提前指示预告空车位情况,空车位预告标志可与停车库入口标志等合并设置。

9.1.10 地下车库联络道连接较多地块,车库多、出入口多,且位于地下,交通引导复杂。除多级出口预告等引导措施外,有条件下可设置地下车库联络道的总体引导标志,为驾驶人提供地下车库联络道的总体走向、当前所处位置、出入口分布等情况,便于驾驶人及时获取信息,增强驾驶人在地下行驶的寻路能力。但考虑到行驶安全等,在设置位置上需要综合考虑,一般应设置在行车方向、便于识别的位置,且保证足够的尺寸。另外,也可通过减速标线等措施协调设置,起到减速提醒功能。

9.5 地下位置服务设施

9.5.1 地下车库联络道的交通组织形态相对复杂,驾驶人寻路、导航需求较高。传统依赖 GNSS 的定位导航信号在地下环境失灵,无法实现地上地下的一体化定位导航;单纯的交通标志指引系统存在设置空间上的局限性。因此有必要在地下车库联络道内提供地下车行定位服务设施,为地下定位导航提供基础的软硬件支撑,为驾驶人提供良好的寻路体验。

9.5.2 车行定位设施包括多种产品,例如设置射频矩阵基站。射频矩阵基站一般按照 20 m~30 m 的间距设置。基站可以配合普通手机终端、通用导航软件实现完整的地下车行导航服务。经测试验证,定位精度、延迟均可以满足相关标准规范要求。随着地下定位技术的发展,可以根据实际情况选择其他类型的适合的设施。

9.6 出入口管控设施

9.6.1 地下车库联络道入口匝道控制系统在地下道路遭受水

淹、火灾、严重交通事故情况下关闭车辆入口的交通,防止车辆误入,造成人员伤亡;同时结合上游诱导设施,提前分流车辆。

9.6.3 地下车库联络道衔接的地块交通量较大时,晚高峰等时段大量车流涌入对主线通行影响较大,配备交通控制设施可以起到合理调节车行系统交通量、保障地下车库联络道平稳运行的作用。

10 兼顾人民防空

10.1 一般规定

10.1.1 《中华人民共和国人民防空法》第十四条中明确规定："城市的地下交通干线以及其他地下工程的建设,应当兼顾人民防空需要。"《上海市工程建设项目民防审批和监督管理规定》第二章第八条规定:"根据经济建设落实国防要求有关规定,下列项目应按兼顾人民防空要求建设:公共绿地地下空间、轨道交通地下工程、道路地下交通干线、公共地下停车场、大型地下连通道、公路和铁路隧道、城市地下电站、水库及城市水、电、气、通信等管线共同沟(综合管廊)等。"地下车库联络道工程具体项目是否要考虑兼顾设防,应根据行业主管部门要求执行。

10.1.2 地下车库联络道长度长、建筑面积大、出入口数量少,不具备划分多个防护单元的条件。在地下车库联络道口部设置相应的人防防护设施,战时作为人防汽车库(汽车临时待蔽场所)、应急连通道,具有平战功能转换便捷、快速等特点。

10.1.3 根据地下车库联络道平时分期建设存在的可能,要求考虑兼顾设防,未来直接连通,满足兼顾设防要求。

10.1.5 兼顾设防工程民防建筑面积(即防护单元建筑面积)不含口部外通道面积、竖井面积。其余面积计算规则按照上海市工程建设规范《建筑工程"多测合一"技术标准》DG/TJ 08—2439 中的民防面积计算细则执行。兼顾设防工程设防区域,除了不能纳入兼顾设防工程的,如至室外地面的楼梯、汽车坡道、风井、电梯等,其余均应作兼顾设防区域。

10.2 建　筑

10.2.1 地下车库联络道较长、埋置较深,为了保证车辆正常运行,设有机械通风,排出汽车行驶时产生的废气中的 CO 气体和烟雾。战时为了保护联络道内风机等设备不被冲击波损坏,出入口应设防护密闭门。

10.2.2 考虑地下车库联络道的特殊性,故要求至少设置一个室外汽车出入口作为战时主要出入口。

10.2.4 根据地下车库联络道兼顾设防与周边地下建筑连通的情况,其连通的地下建筑存在不同防护级别或不设防的情况,故针对不同情况,设计采用其中一种连通方式。针对地下车库联络道平时可能设置防火分隔间的情况,规定了其兼顾设防要求。

10.2.6 考虑结构变形会引起人防门启闭困难,故要求人防门开启范围内,不得设置变形缝。

10.2.10 设置防爆波电缆井是为了防止冲击波沿着电缆进入人防工程内部影响工程安全。

10.2.11 平时风道应安装防护密闭门,并应采取保证风道不被附近建筑倒塌造成全部被堵塞的措施。其下缘距室外地坪高度不小于 1.0 m。

10.3 结　构

10.3.1 战时荷载作用下结构设计要点:

1 根据国家的有关规定,上海地区的人民防空工程应防常规武器和核武器、化学武器、生物武器的袭击。

2 常规武器和核武器对于某一个工程来说,在战争时不会同时作用。因此,设计时应分别考虑,取其中一种最不利的情况进行设计,不必叠加。按照国家规定,对于核武器和常规武器只考虑各一次作用,以便节约建筑材料,充分发挥结构潜力。

3 所谓结构各部位的抗力应相协调,即在规定的动荷载作用下,保证结构各部位都能正常地工作。这是民防工程设计的指导原则。

4 对人防工程中的钢筋混凝土结构构件来说,处于屈服后开裂状态仍属正常的工作状态,这点与静力作用下结构构件所处的状态有很大的不同。冷轧带肋钢筋、冷拉钢筋等经冷加工处理的钢筋伸长率低,塑性变形能力差,延性不好,因此不得采用。

由于混凝土强度提高系数中考虑了龄期效应的因素,其提高系数为 1.2~1.3,故对不应考虑后期强度提高的混凝土如蒸汽养护或掺入早强剂的混凝土应乘以 0.9 的折减系数。故上海地区不允许添加早强剂。

5 战时结构动力分析一般采用等效静荷载法,是从战时结构设计所需精度及尽可能简化设计考虑的。

由于等效静荷载法可以利用各种现成图表,按照结构静力分析计算的模式来代替动力分析,给战时使用条件下结构设计带来很大方便。

6 核试验表明,对构筑在土中的人防工程,整体式基础没有发生过大的相对沉降。而常规武器爆炸荷载,由于其作用范围有限,传到基础上的地基反力也相对较小。因此,不验算地基变形,战时不会对使用产生明显的影响。

10.3.2 战时荷载作用下的荷载组合:

1 设计时应分别考虑常规武器和核武器,对于某一个工程,取其中一种最不利的情况进行设计,不必叠加。

2 不同于核武器爆炸冲击波,常规武器地面爆炸产生的空气冲击波为非平面一维波,且随着距爆心距离的加大,峰值压力迅速减小,对地面建筑物仅产生局部作用,不会造成建筑物的整体倒塌。在确定战时常规武器与静荷载同时作用的荷载组合时,可按上部建筑物不倒塌考虑。

10.3.3 战时等效静荷载取值：

1 地下车库联络道的主要出入口形式一般为直通式且防护密闭门外有带不小于 10.0 m 的顶盖的通道，故对等效静荷载取值作如此规定。防护密闭门以外有顶板的地下通道结构、敞开段以及风井附属结构的等效静荷载计算方法，也与普通人防工程相同。

2 按国家标准《人民防空工程设计规范》GB 50225—2005、《人民防空地下室设计规范》GB 50038—2005 设计规范执行。

10.3.4 对于地下车库联络道工程来说，主要适用的国家标准规范为国家标准《人民防空工程设计规范》GB 50225—2005。

10.4 通 风

10.4.2 战时清洁通风由正常交通工况下的通风系统兼顾，隔绝防护时停止地下车库联络道与室外的空气交换。

10.5 电 气

10.5.1 各防护单元预留战时电源接入开关，临战接入战时电源，可保证工程战时用电需求。战时电源包含区域电源、内部电站电源和内部蓄电池电源等。

10.5.2 地下车库联络道战时人防用电以防护单元自成系统，能确保各单元战时用电独立，不受其他单元供电故障影响。

10.5.3 人防内外照明回路设置短路保护装置，可避免工程外管线破坏而导致整条回路跳闸情况。

10.5.4 进出人防管线做防护密闭处理，可以充分保障工程的密闭功能。各对外的防护密闭门门框墙、密闭门门框墙上预埋管可避免后期使用增加管线造成的人防围护结构后开孔，影响人防工程的防护密闭功能。

10.6 给排水

10.6.2 战时人员一般人数较少,饮用水储存量较少,可采用桶装水就地设置,解决战时饮用水需求。

10.6.3 根据地下车库联络道规模设置生活及机械用水贮水设备,由于地下车库联络道兼顾设防不考虑生化武器防护,故设于口部的水箱,不能作为人员饮用水使用。通道较长,两端设置水箱为保障战时取水方便。

10.6.4 平时设管堵为防止平时被挪用。洗消给水管从防护区内接管,在防护密闭门外侧接战时洗消末端,便于战后专业队员进行洗消作业。

10.6.7 塑料管道不得埋设在结构底板内。防护阀门后的管道,不受冲击波影响,可采用规范允许的常用给排水管材。

10.7 平战功能转换

10.7.2 根据现代化、信息化战争的特点,战前没有很多的时间做战争准备。钢筋混凝土浇筑作业施工周期长、工程量大,防护设备加工精度高、难度大、制作周期长,难以满足临战转换的时限要求,若二次施工还会损坏结构的整体完整性。因此,钢筋混凝土浇筑及预埋件必须与主体工程同时施工到位。

10.7.6 地下车库联络道战时设备不多,转化工作量少,3d转换时限内合理组织是能完成的。设置截断防护阀门及法兰短管有利于战后快速恢复。